KB079707

행복한 고양이로 키우는 법

행복한 고양이로 키우는 법

그래서 사랑받는 집사로 거듭나는 법

소피 콜린스 지음 | 양혜진 옮김

B

행복한 고양이로 키우는 법

지은이 | 소피 콜린스
옮긴이 | 양혜진
초판 1쇄 발행 | 2024년 8월 10일
펴낸이 | 안의진
만든이 | 김민령 안의진 유수진
펴낸곳 | 바람북스
등록 | 2003년 7월 11일 (제312-2003-38호)
주소 | 03035 종로구 필운대로 116, 신우빌딩 5층(신교동)
전화 | (02) 3142-0495 팩스 | (02) 3142-0494
이메일 | barambooks@daum.net
인스타그램 | @barambooks.kr
트위터 | @baramkids
제조국 | 한국

How to Raise a Happy Cat
First published in 2023 by Ivy Press, an imprint of The Quarto Group.
One Triptych Place, London, SE1 9SH, United Kingdom

차례

시작하기 전에

고양이에게는 여러 가지 뻔한 수식어가 늘 따라붙는다. 가장 흔한 표현은 아마도 '신비롭다'와 '종잡을 수 없다'일 것이다. 그럼에도 불구하고 고양이들은 사람들 곁에서 오랫동안 함께 살아왔고(오늘날 추산하기로는 약 1만 2천 년), 적어도 여러분 눈에는 여러분의 고양이가 하는 행동이 아예 종잡을 수 없는 것만은 아닐 것이다. 고양이와 한 공간에서 어느 정도 생활해보면 고양이가 주위 환경을 편안히 여기는지 아닌지도 보이고, 특정한 기분을 나타내는 신호도 감지할 수 있을 것이다. 어떤 음식을 더 좋아하고 낮잠 자리로는 어떤 곳을 더 좋아하는지도 훤히 알게 될 것이다.

하지만 고양이는 반려견처럼 진짜로 길들여지는 것과는 거리가 멀고, 바로 그 점 때문에 많은 사람들에게 고양이는 가장 흥미로운 '반려' 동물이다. 고양이는 인간과 관계를 맺을 때 지휘하는 쪽을 맡는다는 점에서 독특하다. 고양이는 훈련이 불가능하지는 않지만 오직 인간의 비위를 맞추기 위한 행동은 하지 않는다. 대체로 개들은 반려인을 맹목적으로 사랑하고 의존하는 모습을 보이지만 고양이들은 인간의 관심에 그처럼 품위 없게 반응하지 않는다. 하지만 고양이들도 분명 인간이 베푸는 먹을 것과 온기에 고마움을 느끼고, 올바르게만 다가간다면 대개는 어울리기를 좋아한다. 사람들은 고양이가 혼자서도 행복하게 지내는 동물이라고 생각해서, 함께 놀거나 애정을 표현할 때 고양이에게 부주의하게 다가가기도 한다. 고양이의 바디랭귀지를 잘 몰라서, 고양이가 보내는 긍정적이거나 부정적인 신호를 오해하기도 한다. 너무도 안타까운 일이다! 서로를 더 잘 이해한다면 인간과 고양이의 관계는 더욱 아름답게 피어날 수 있기 때문이다.

연구의 한계

하지만 고양이에 대해서는 개만큼 자세한 연구가 이뤄지지 않은 것도 사실이다. 개에 대해서는 (특히 개가 동물행동학계의 스타가 된 최근 이삼십 년간) 무수히 많은 연구를 해왔기 때문에, 사람들은 고양이보다는 개에 대해 훨씬 많이 알고 있다. 반면, 대체로 더 독립적이고 인간의 노력에 덜 협조적인 고양이들은 개만큼 많은 관심을 끌지도 못했다. 고양이에 대해서는 아직 연구조차 하지 않아 여전히 수수께끼가 많이 남아 있다. 현재 과학자들은 더디지만 착실하게 연구를 해나가고 있고, 고양이의 행동에 대한 과거의 가설을 뒷받침하거나 반박하는 과학적 증거들이 속속 밝혀지고 있다.

발과 꼬리를 몸통 아래로 말아 넣는 '식빵' 자세는 경계심이 많은 고양이가 망을 보면서 체온을 유지하는 완벽한 기술이지요.

행복한 고양이, 행복한 반려인

고양이는 행복(적어도 만족)의 귀재처럼 보이지만, 반려인의 역할도 중요하다. 이 책이 여러분의 길잡이가 되어줄 것이다. 이 책은 총 6개 장으로 이뤄져 있다.

- 첫 장, **'들여다보기'**에서는 고양이의 몸이 작동하는 방식을 자세히 살펴본다. 고양이의 천성, 감각, 바디랭귀지를 최대한 고양이의 입장에서 상상해본다.
- 이어지는 장에서는 **놀이**와 **풍부화, 몸매와 건강 관리, 식사, 휴식과 이완** 같은 다양한 측면에서 고양이의 경험을 살펴본다. 고양이와 교감하고 고양이의 일생생활을 여러 모로 풍성하게 만들어줄 다양한 아이디어를 얻을 수 있을 것이다.
- 마지막 장 **생애 주기**에서는, 아기 고양이가 노묘가 되기까지, 고양이의 생애를 이루는 여러 단계의 특징을 살펴본다. 여러분이 사랑하는 고양이의 평생 행복을 책임질 수 있도록 도와줄 것이다.

들여다보기

여러분의 고양이는 어떻게 작동할까요? 아주 크게 보면, 고양이는 인간과 같은 신체 구조와 감각을 갖고 있어요. 다시 말해, 포유류이고, 보고, 듣고, 냄새를 맡고, 맛을 느끼고, 감촉을 느낍니다. 하지만 고양이가 우리와는 아주 다른 방식으로 세계를 경험한다는 것을 우리는 알고 있어요. 비록 집고양이에 대한 연구는 아직 걸음마 단계지만요. 이 장에서는 수염 끝에서 꼬리 끝까지 고양이의 몸을 훑어볼 거예요. 그러면서 우리가 고양이에 대해 이미 아는 사실을 자세히 들여다보고, 아직 더 알아내야 할 것이 무엇인지 살펴볼 거예요.

고양이가 사는 세상

'환경(unwelt)'은 다양한 종이 저마다 살아가는 세계를 가리켜요. 이는 물리적 환경과 세계를 인지하는 방식 모두를 포함하는 개념이에요. 인간인 우리가 고양이의 '환경'이 어떤지 제대로 파악할 수 있을까요?

우리가 경험하는 것은 당연히 인간의 '환경'이고, 우리는 고양이에게(다른 모든 반려동물에게도) 인간의 생각과 느낌을 투사한다. 하지만 고양이가, 그리고 고양이의 감각이 작동하는 방식을 알면 고양이의 세계를 얼핏이나마 엿보기 쉬워질 수 있다.

효과적인 설계

우선, 집고양이가 언제 등장했을까? 에오세까지 쭉 거슬러올라가면 (오늘날의 족제비를 닮은) 개와 고양이의 공통된 조상이 살았다. 그러다 지금으로부터 약 4,300만 년 전 개와 고양이로 가계도가 분리되었고, 그 후로 수많은 세대를 거듭하며, 서서히 들고양이로 진화했다. 오늘날 우리의 반려동물이 된 고양이, 펠리스 카투스*Felis catus*의 조상은 몸집이 작고 혼자 사는 포식자였다. 주로 사냥에 편하도록 시각과 후각, 청각이 발달했다.

인류는 오늘날의 중동 지역에서 작물을 재배하기 시작하면서, 동물도 길들여 가축화하기 시작했다. 바로 이 시기에 고양이의 고유한 특성—먹이로 쥐를 좋아하고 쥐를 잡는 능력이 인간에게 아주 유용한 것으로 판명됐다. 농부들은 곡식을 비축하는 창고에 얼씬대는 설치류의 개체수를 줄여주니 쌍수를 들고 반겼다. 하지만 멀티 태스킹 임무—추적, 경비는 물론 사냥까지—를 맡고 이미 가계에 포섭된 개들과는 달리, 고양이들은 '당신들 창고에서 내 먹이를 사냥하겠다'는 데만 동의했다. 고양이 반려인들이라면 고양이들이 자기 입맛대로 이렇게 반쯤만 가축화된 지위를 획득한 것에 놀라지 않을 것이다. 신체적으로 봤을때, 고양이는 그때나 지금이나 크게 달라지지 않았다. 진화라는 관점에서, 고양이가 고대의 곡식 창고에 반가운 손님이 되고부터 지금까지의 시간은 찰나에 지나지 않으니까.

감각들

고양이의 눈으로 세계를 보려면 여러분이 곡예사처럼 민첩한 사냥꾼이 되었다고 상상해야 한다. 사냥에 특화된 청각·후각·시각으로 세상을 파악하는데, 이 모든 감각이 인간과는 다르게 배열돼 있다고 말이다. 고양이가 우리와 놀 때 혹은 고양이들끼리 놀거나 혼자 놀 때 보이는 자연스러운 행동들은 대부분 정교히 연마된 사냥술과 관련이 있다. 실생활에서 그 기술을 발휘할 일은 없다 해도 말이다. 이제부터는 고양이들의 이러한 여러 감각에 대해 살펴볼 것이다. 야생에서라면 어떻게 이 감각들이 쓰였을지, 그 흔적이 어떻게 오늘날의 반려 고양이들에게 남아 있는지 알아보자.

◀ **고양이와 사람은 흡수하는 감각 정보의 양과 그것들의 균형이 달라서, 우리는 고양이가 세상을 경험하는 방식을 직접 상상할 수는 없어요.**

세상은 어떤 냄새일까

다섯 가지 감각을 중요한 순서대로 나열한다면 인간에게는 후각이 마지막이겠지만 고양이에게는 후각이 첫 번째일 거예요. 실제로 고양이의 후각은 개에 그리 뒤지지 않을지도 몰라요. 과학은 이제 겨우 밝혀내고 있어요.

향기의 무지개

대부분의 포유류는 인간보다 후각이 훨씬 뛰어나고 잘 단련돼 있다. 대표적으로는 코요테, 늑대, 곰이 있다. 포유류의 기준에서 보면 인간이 예외적으로 냄새를 잘 못 맡는 동물이다. 우리는 고양이들이 우리보다 후각이 훨씬 더 예민하다는 것을 알고 있다. 다만 얼마나 더 예민한지 모를 뿐이다. 하지만 고양이는 인간보다 후각 세포가 두 배 이상 많으므로 고양이들의 냄새 지형이 훨씬 더 정교하고 미묘한 차이로 가득하리라는 것은 분명하다. 고양이는 인간이 아주 미세한 색 차이를 구분하는 것처럼 냄새의 미세한 차이를 '알아볼' 거라고 알려져왔다.

어떻게 냄새를 맡을까?

고양이는 코로 냄새 분자를 들이마신다. 콧속의 더운 숨 덕분에 촉촉해진 냄새 분자들은 후각 신경을 덮고 있는 끈적끈적한 표면에 도착한다. 후각신경은 후각수용기세포로 가득한 지대이고, 이곳에서 냄새 분자들이 분류되고 그것들의 정보가 두뇌로 전달돼 해석된다. 이 과정은 불과 몇 나노 초 사이에 이뤄진다.

게다가 고양이는 입천장에 서골비기관 혹은 야콥슨기관이라고 불리는 후각 체계가 하나 더 있다. 많은 동물들이 이런 별도의 후각 체계를 갖고 있는데, 종에 따라 용도는 각기 다르다. 고양이의 경우, 서골비기관은 고양이만이 풍기는 고유한 냄새 정보를 감지하는 역할을 한다. 원래 고양이들은 대개 아주 고독하게 살았고 보통 번식할 때만 서로 만났기 때문에 발달한 듯하다.

서골비기관은 낯선 고양이나 친척 고양이, 혹은 짝짓기 후보 고양이의 냄새 같은 다른 고양이들의 영역 표시 정보를 수집한다. 비록 당시에는 알아보지 못했을지 몰라도 고양이가 이 두 번째 후각 체계를 사용하는 모습을 본 적이 있을 것이다. 바로 윗입술을 살짝 말아올려 이빨을 드러낸 다음 입을 약간 벌리는 모습 말이다. 이 마지막 행동 때문에 '입벌림 반응' 혹은 플레멘 반응이라고 부른다. 고양이는 이 자세로 몇 초간 움직임을 멈추기도 하는데, 알아내려는 냄새의 세부 정보를 분석하기 위한 것으로 보인다.

냄새 남기기

이렇게 냄새를 읽기 위해서는 먼저 냄새가 남아 있어야 한다. 고양이들은 주위 환경에 자기 냄새를 넉넉히 남겨놓는다. 때로는 우리가 원치 않는 방식으로 남기기도 하지만(집 곳곳에 오줌을 갈기는 수코양이는 골칫거리다), 우리의 후각은 너무 둔해서 감지하지 못하는 경우가 대부분이다. 가까운 생활반경의 뭔가에 몸을 비빌 때마다 고양이는 이마·뺨·턱의 분비샘에서 나온 냄새로 자기만의 표식을 남긴다. 그것은 다른 고양이들에게 남기는 신호일 뿐만 아니라, 여기가 제 집이라는 것을 알려 스스로를 안심시키는 방법이기도 하다.

◀ **고양이는 아주 예민한 후각을 갖고 있다고 알려져 있어요. 정확히 얼마나 예민한지를 측정하려면 보다 집중적인 연구가 필요해요.**

세계는 어떻게 보일까

고양이의 눈은 우리의 눈과 아주 달라요. 우선 머리 크기에 비해 눈이 아주 커다래요. 사람의 눈을 같은 비율로 그리면 아마 만화 캐릭터 같아 보일 거예요. 하지만 이건 수많은 차이점 중 하나일 뿐이랍니다.

사냥꾼의 눈

역사적으로, 고양이가 해가 뜨고 지는 어스름한 시간대에 사냥을 하며 살아왔다는 건 아주 어두운 곳에서도 작은 움직임까지 감지할 수 있다는 걸 뜻한다. 반면 낮에 고양이들은 사냥을 나서지 않고 주로 잠을 청한다. 그래서 밝은 빛 아래서는 아주 자세히 보거나 미묘한 색 차이를 구분할 필요가 없었다. 고양이의 눈은 이런 필요에 알맞게 발달했다. 고양이 눈의 망막에는 어두울 때 보는 것을 도와주는 막대세포가 많고(인간의 8배), 대낮에 보는 것을 도와주는 원뿔세포는 훨씬 적다(인간의 약 10분의 1).

고양이들에게는 어둑어둑할 때 홍채를 활짝 여는 능력도 있다. 낮에는 세로 방향의 얇은 틈이었던 홍채가 어두울 때는 동그랗게 벌어져서 빨아들일 수 있는 빛을 모조리 빨아들인다. 망막과 수용기세포가 놓친 빛은 휘막에 반사되어 도로 망막으로 들어간다. 두 번째 기회를 주어서 수용기가 받아들이는 빛의 양을 최대화하는 셈이다. 휘막에서 반사했는데 수용기세포에 닿지 못한 '쓸모없어진' 빛은 눈에서 도로 반사돼 나온다. 밤에 고양이를 만났을 때 볼 수 있는 기이한 야광 효과가 바로 그 때문이다.

색과 자세한 모양을 보는 ▶ 인간의 시력은 어두운 곳에서 잘 작동하지 않지만, 고양이의 눈은 햇빛이 약할 때에도 작은 움직임을 포착하기 쉽도록 진화했어요.

마지막으로, 고양이는 우리보다 조금 더 넓은 시야를 갖고 있다. 사람은 180도까지 볼 수 있지만 고양이는 200도까지 볼 수 있다. 곁눈으로 움직임을 포착하는 데 우리보다 능하다.

낮 시간의 시력

고양이는 이처럼 밤눈이 아주 밝은 대신, 환한 낮 시간에 보는 능력은 좀 떨어진다. 또한 고양이는 가까운 것을 잘 못 본다. 특히 전방 30센티미터까지는 시력이 현저히 떨어지는 구역인데, 고양이의 눈이 아주 큰 만큼 수정체도 커서 자유자재로 조절할 수 없어서인 것으로 보인다. 인간의 수정체는 초점을 맞추기 위해 수정체를 둘러싼 근육을 통해 수축과 이완을 할 수 있는 반면, 고양이의 눈은 초점을 맞추려면 눈 전체가 움직여야 한다. 여러분은 고양이가 곁에 있는 사물을 뒤늦게 갑자기 알아채는 것을 본 적이 있을 것이다. 여러분이 본 것은 고양이가 선명히 보기 위해 특정한 사물에 초점을 맞추는 모습이었을 것이다.

세상은 어떻게 들릴까

정교한 근육 체계 덕분에 고양이의 귀는 흥미로운 소리가 나는 쪽으로 180도 휙 돌아갑니다. 아기 고양이들은 외이도가 닫힌 채로 태어나지만 불과 몇 주 만에 우리의 청력을 능가합니다.

아주 넓은 음역

고양이 귀의 구조는 다른 포유류 동물들과 비슷하고, 세 부분으로 이루어져 있다.

- 바깥귀는 위로 솟은 귓바퀴와 그 뒤편의 외이도를 가리킨다.
- 가운데귀는 고막과 청소골을 뜻한다. 청소골은 속귀로 진동을 전달하는 작은 뼈들로 이뤄진 기관이다.
- 속귀는 청각신경을 통해 뇌로 전달되는 신호들을 관리한다. 속귀에는 고양이의 평형과 공간 지각을 담당하는 전정기관도 있다.

고양이의 귓바퀴는 소리를 받아들이자마자 편집을 시작한다. 외이도에 도착하기 전, 아주 촘촘

박쥐가 반향위치추적을 할 때 내는 끽끽거리는 소리는 너무 높아서 인간의 귀에는 들리지 않지만 고양이에게는 가청 범위에 속해요.

하게 골이 팬 귓바퀴가 소리를 처리한다. 귓바퀴는 소리의 성격뿐만 아니라 소리가 나는 곳의 위치도 파악한다. 고양이는 소리가 나는 곳의 높이뿐 아니라 정확한 방위도 측정할 수 있는 것으로 밝혀졌다. 당연히 다음번 먹잇감을 추적하고 잡을 때 아주 요긴한 능력이다.

하지만 고양이의 청력은 들을 수 있는 음역이 넓다는 점에서 독보적이다. 고양이는 사람보다 한 옥타브 반 높은 소리를 들을 수 있고, 동시에 아주 낮은 소리도 들을 수 있으며 그 차이를 구별할 줄 안다. 대개 청각이 (아주 높은) 초음파를 들을 수 있게 발달한 동물은 낮은 음역대를 듣지 못하기 때문에, 아주 희귀한 능력이라고 할 수 있다. 이는 고양이의 고막 뒤에 있는 공명통의 구조 때문이다. 대부분의 포유류는 공명통이 한 공간으로 돼 있지만 고양이는 공명통이 두 부분으로 나뉘어 있어, 높은 주파수와 낮은 주파수를 따로 구분해서 처리할 수 있다. 고양이는 10옥타브 이상 넘나드는 소리를 들을 수 있는데, 귀가 밝다고 알려진 개보다 훨씬 뛰어난 셈이다.

왜 이렇게까지 귀가 밝을까

다른 감각들과 마찬가지로 고양이의 청력은 밤 사냥을 위해서 진화했다. 고양이들은 작은 설치류와 박쥐들이 서로 소통하는 높은 소리를 듣고 먹잇감에게 아주 가까이 다가갈 수 있어야 했기 때문. 고양이는 개처럼 사냥감의 자취를 추적하거나 달려서 뒤쫓지 않고 가까운 곳에서 잽싸게 한 번에 덮쳐야 하기 때문이기도 하다. 결과적으로 고양이는 아주 풍성한 소리 풍경을 경험한다. 고도로 발달한 청력에 더해 후각도 아주 뛰어나다. 그냥 가만히 앉아 있는 것처럼 보일 때도, 실제로 고양이들은 인간의 무딘 귀에는 들리지 않는 감각의 향연을 즐기고 있는 중이다.

세계는 어떻게 느껴질까

고양이들은 자신을 둘러싼 공간의 아주 작은 변화에 민감해요. 온도와 질감의 미세한 변화에도 움찔거리거나 파르르 떨지요. 또한 자신의 몸이 얼마나 좁은 틈을 통과할 수 있는지 아주 정확히 파악해요. 이런 능력은 대부분 고양이들의 수염 덕분이랍니다.

장난감을 낚아챌 때 고양이는 앞다리 뒤쪽에 난 민감한 수염을 이용해 장난감의 위치를 정밀하게 포착해요. 이 수염은 실제 사냥에서 살아 움직이는 먹잇감을 잡을 때 아주 중요한 역할을 하겠지요.

감각의 역장

수염, 좀 더 과학적인 용어로 '촉모'는 고양이의 눈썹 선을 따라 주둥이와 턱 밑, 그리고 훨씬 눈에 덜 띄는 자리인 앞다리 뒷면에 일정한 간격으로 자라는 뻣뻣한 털이다. 수염은 정교한 '움직임 탐지기'이고 심지어 온도의 변화도 감지한다. 수염은 신경이 풍부하게 분포한 모낭에서 자라나는데, 몸에 난 일반적인 털보다 굵지만 극도로 유연해서 고양이의 몸을 둘러싼 공간을 판가름하는 역할을 한다. 이를테면 좁은 틈을 통과할 수 있는지 없는지 판단하는 길잡이 역할 등. 본래 수염은 고양이의 머리와 앞몸 주위에 보이지 않는 장(場)을 만들어낸다. 이 장은 주위에 무엇이 있든 고양이가 접촉하기 직전에 알아차리게 해준다. 수염은 몸의 좌우에 똑같은 수로 자라나고, 그 덕분에 고양이는 감각의 균형을 맞출 수 있다. 수염에도 수명이 있고 잘려나가기도 하지만 곧 같은 자리에서 새로운 수염이 금세 자라난다.

수염은 어떻게 작동할까

수염은 일반 털보다 세 배 두껍고 모근도 더 깊습니다. 각각의 수염은 모근에 연결된 근육 덕분에 독립적으로 움직일 수 있어요. 수염의 길이는 고양이의 몸집에 따라 달라요. 덩치가 큰 고양이는 수염도 길지요.

수염은 사냥 도구

수염이 얼굴 주위에 나는 것은 당연하다 쳐도, 그토록 예민한 털이 왜 하필 다리에 나는 걸까? 당연히 걷고 뛰어오르고 길 때 공간에 관한 정보를 알아내기에 유용해서 그렇겠지만, 수염은 사냥꾼으로 살아온 고양이들의 삶이 남긴 또 다른 유산이기도 하다. 고양이가 착지하며 성공적으로 쥐를 덮치려면 먹잇감이 못 달아나게 하는 게 중요하다. 이때 발톱이 쥐를 붙잡는 역할을 하는 한편, 앞다리 뒤편에 난 민감한 수염은 쥐에게 저항할 힘이 얼마나 남았는지 판단한다. 고양이가 작은 장난감을 가지고 노는 모습을 관찰해보면 고양이가 잠시 움직임을 멈추고 상황을 파악하는 순간을 볼 수 있다. 붙잡은 장난감을 할퀴고 찢지 않고 뭔가를 느끼고 있는 것 같다면, 이는 장난감이 반격해오지는 않을지 수염이 '점검하고' 있다는 신호이다.

수염은 얼마간 기분을 표시하는 역할도 한다. 고양이 수염이 얼굴 표면과 거의 직각을 이루는, '편안한' 위치라면 느긋이 긴장을 푼 상태임을 뜻한다. 반면 수염을 턱 가까이로 바짝 당기고 있다면 정신이 산란하고 신경이 곤두서 있다는 뜻이다.

관심 기울이기
(고양이가 좋아하는 방식으로)

이미 고양이의 바디랭귀지에 익숙한 독자라면 지금 고양이가 상호작용을 바라는지 아닌지, 그중에서도 놀고 싶다는 뜻인지, 쓰다듬어주거나 안아주기를 바라는지 알아차릴 거예요. 하지만 대부분의 사람들이 반려묘의 여러 일상적 활동에는 관심을 충분히 기울이지 않아요.

손이 덜 가는 동물일까, 방치되는 걸까

전 세계적으로 사람들이 개보다 고양이를 더 많이 키우는 이유는 고양이가 개만큼 많은 관심을 요하지 않기 때문일 것이다. 사람들은 밥을 줄 때만 잠깐 고양이에게 신경을 쓸 뿐, 하루의 나머지 시간에는 별로 신경 쓰지 않는다. 장난감도 있고 다른 할 일—잠 더 자기, 창밖 내다보기, 아주 좁은 공간에 비집고 들어가기—도 있으니, 더 필요한 건 없을

완전히 긴장을 푼 고양이라면 배를 긁어주는 걸 좋아할지도 몰라요. 유독 친한 사람이든, 그냥 '아주' 용감한 사람이든 개의치 않고 말이에요.

거라고 생각하기 쉽다. 물론 여러분이 일부러 매정하게 구는 건 아닐 테고, 실제로 그 편을 더 좋아하는 반사회적인 고양이도 적게나마 존재할 것이다. 하지만 대부분의 고양이는 관심받기를 좋아하고 삶에서 재미를 찾기 좋아한다. 그리고 기회가 주어진다면 여러분과 더 친밀한 관계를 맺고 싶어 할 것이다.

알아두기

이어지는 장들은 여러분의 고양이에게 새로운 경험과 즐거움을 선사할 수 있는 수많은 아이디어를 제공한다. 고양이의 행동과 인지 능력에 대한 관심이 증가함에 따라, 수많은 반려 고양이들이, 감각이 고도로 발달하고 지능이 높은 동물에게 걸맞은 자극을 제공하지 못하는 환경(믿을 만하고 안전하기는 하지만)에서 아주 지루한 삶을 살고 있지 않나 하는 우려가 커지고 있다. 그게 바로 '풍부화'(enrichment)라는 단어가 쓰이게 된 이유이고, 고양이 반려인들에게 고양이의 일상에 관심을 더 많이 기울이라고 독려하는 이유이다.

부드러운 접촉

인간의 눈에 고양이들은 개만큼 '표정'이 풍부하지 않은 탓에 '속을 알 수 없다'라는 꼬리표가 따라붙곤 한다. 여기에는 다 이유가 있다. 고양이들은 혼자 사는 동물이기 때문에 개처럼 얼굴 표정을 개발할 필요가 없었고, 그래서 얼굴에 표정을 짓기 위한 근육이 적은 것이다. (한편, 개와 같은 사회적 동물들은 항시 함께 생활하기 때문에 무리의 다른 구성원들에게 기분이 어떤지 '보여줄' 방법이 필요하다.) 그렇다고 고양이들이 큰 소음, 갑작스럽고 거친 접촉, 예기치 않게 들어올리는 것에 놀라거나 불안해하지 않는 것은 아니다. 고양이들이 자신을 표현하지 않는 것도 아니다. 여러분이야말로 그들의 작은 신호를 포착하기 위해 더 면밀히 관찰해야 한다. 여러분이 거의 확실히 목격했을, 고양이가 친밀함을 느낄 때 하는 두 가지 행동은 머리 들이밀기(번팅)와 눈 깜빡이기다. 머리 들이밀기는 거의 모든 고양이에게 나타나는 보편적인 행동으로, 뭔가에 머리를 비비는 건 얼굴 주위의 샘에서 나는 냄새를 묻혀 자신에게 친숙하게 만드는 것이다. 여러분은 그 냄새를 맡을 수 없겠지만 여러분의 고양이는 맡을 수 있다. 여러분이 그에 대한 응답으로 부드럽게 쓰다듬으려 한다면 대개는 거절하지 않을 것이다. 느리게 눈을 깜빡이는 것은, 짐작할 수 있듯이, 고양잇과 동물들의 '안녕?'이라고 할 수 있다. 친한 고양이들 사이에 나누는 인사인 셈. 2021년 서섹스대학의 연구진은 편안한 상태의 고양이는 인간의 얼굴에서도 느릿한 눈 깜빡임을 인식한다는 것을 밝혀냈다. 그러니 잘 관찰했다가, 고양이가 여러분에게 느리게 눈을 깜빡일 때 여러분도 고양이에게 꼭 눈을 깜빡여주길 바란다.

품종묘는 다를까?

품종에 따라 고양이들의 성격이 다르다는 것을 보여주는 일화들은 많아요. 2019년 핀란드에서는 19종의 고양이 5,700마리를 대상으로 본격적인 연구를 했는데 고양이들이 출신에 따라, 심지어 2-3대를 건너뛰더라도, 실제로 성격이 다르다는 사실을 밝혀냈어요.

행실이 멋져야 멋진 고양이

국제고양이연맹은 명확히 구분되는 고양이의 품종이 70종 이상이라고 보지만, 영국과 미국에 사는 반려 고양이는 약 5퍼센트만이 순종이다. 많은 고양이들은 한쪽 부모만 품종묘이거나, 두세 세대에 걸쳐 나타난 유전적 형질을 추적할 수 있을 뿐이다. 최근 이뤄지는 선택적 교배의 대다수가 성격보다는 외모를 위한 것이다. 물론 개만큼 그 결과가 극단적이지는 않지만(샴 고양이와 페르시아 고양이의 외모는 매우 다르지만 치와와와 차우차우만큼은 아니니까). 고양이도 개와 마찬가지로 품종에 따른 고정관념에 시달리기는 하지만 오랫동안 품종 개량은 반려 고양이의 행동과 성격에 얼마간 영향을 미친다고 생각돼왔다.

사람들은 샴 고양이가 소리를 많이 내고 벵갈 고양이가 조금 더 거칠다고 이야기하곤 한다.

또 노르웨이숲 고양이는 유달리 다정하다거나 브리티시숏헤어 고양이는 친해지기 쉽다고도 한다. 그런데 핀란드에서 실시한 연구를 통해 이러한 선입견 대다수가 어느 정도는 사실로 입증됐다. 혈통 때문이든 환경 때문이든, 일부 특징들은 그들이 연구한 고양이들에게 성격으로 자리 잡은 것으로 보인다. 아마도 가장 놀랍고도 중요한 사실은 '집고양이'들—혈통이 알려지지 않은 일반적인 집고양이—이 일반적으로 대부분의 순종 고양이보다 사람들 곁에서 더 불안해하고 덜 사교적이고 더 쉽게 공격성을 보인다는 것이다. 신중히 품종 개량된 고양이들은 인간과 교감하고 인간의 손을 타는 데 더욱 익숙해졌을 것이고(특히 아기 고양이들 중 일부가 장차 대회 출전용 고양이로 키워지는 경우), 그래서 사람들과 함께 지내는 데 익숙해졌을 수 있다고 연구자들은 추측했다.

양육의 결과

특별한 요구 사항이 있을 때에는 품종묘도 고려해보는 것이 좋다. 이를테면 여러분이 좁은 공간에서 생활한다면 야외 생활을 좋아하는 종은 추천하지 않는다. 하지만 어른이 된 고양이가 사람들과 얼마나 편안하게 지낼지를 결정하는 가장 큰 요인은, 유전적 형질보다 초기 경험의 양과 질이다. 어릴 때 다정한 손길과 놀이를 충분히 경험한 고양이를 찾아보는 것이 좋다.

만약 특별한 품종의 고양이를 바란다면 브리더를 만나기에 앞서 그 종에 대해 미리 공부하세요. 이것저것 최대한 알아봐야 해요. 아무리 아름답고 아무리 다정하다 해도, 질병에 대한 유전적 소인이나 그 밖의 문제가 있는 종도 있어요. 그러니 브리더에게 어떤 질문을 할지 철저히 준비해 가야 해요.

24시간
고양이는 어떻게 시간을 보낼까

여러분의 고양이가 하루에 몇 번 일어나 먹고 잠깐 그루밍을 할 뿐 대부분 자면서 보내는 것처럼 보인다면, 제대로 본 것입니다. 하지만 불쑥 기운이 뻗치면 아무도 못 말려요. 고양이들이 가장 힘이 넘치는 건 주로 우리가 잠들어 있을 때지요.

고양이의 잠, 그리고 그 밖의 모험들

2017년 아이슬란드의 한 텔레비전 프로그램이 뜻밖의 성공을 거두었다. 그것은 구조된 아기 고양이 가족의 생활을 별다른 가공 없이 촬영한 것으로, 24시간 실시간 스트리밍을 제공하고 거기서 선별한 영상을 방송으로 편성했다. 결과적으로 방송은, 예상할 수 있듯이, 아기 고양이 네 마리가 저마다 습성이 다르다는 것을 보여주었다. 하지만 며칠간의 일과를 분석한 결과는 한결같았다. 평균적으로, 성장기의 건강한 고양이는 매일 16시간을 잠으로 보낸다. 많이 자는 것 같다고? 이건 약과다. 고양이는 나이가 들수록 더 많이 자니까. 노령묘의 수면 시간은 24시간 중 22시간에 달하기도 한다.

하루 중 잠자는 시간을 뺀 8시간이 생을 만끽하기에 그리 긴 시간 같지는 않지만 텔레비전 속 고양이들은 그 시간을 알뜰히 사용한다. 2시간은 그루밍에 할당하고 또 다른 2시간은

처음 고양이를 키우는 사람들은 건강에 아무 이상이 없는 고양이가 그토록 오래 잘 수 있다는 사실에 깜짝 놀라지요……

……그리고 충분히 쉰 고양이가 놀려고 작정을 하면 얼마나 맹렬하고 얼마나 빠른지 깨닫고는 똑같이 깜짝 놀랍니다.

관찰 시간으로 쓴다. 고양이가 지칠 줄 모르고 뭔가를 주시하는 모습은 고양이와 함께 사는 사람들에게는 익숙하다. 실내의 창턱이나 집 옆 창고의 벽이나 지붕처럼 야외의 높은 곳에 자리를 잡고 관찰한다. 나머지 2시간은 영역 순찰과 '모험'에 쓰인다. 한밤중 떠나는 탐험은 반려인들에게도 미스테리로 남아 있기 마련이다. 고양이들이 가져온 단서를 보고 무엇을 했을지 짐작할 수 있을 뿐이다. 긁힌 상처가 두어 개 생겼다면 아마도 사냥을 했거나 고양이들 사이에 충돌이 벌어졌다는 증거일 것이리라. 영역 순찰은 냄새 남기기와 냄새 수집을 포함한다. 한 고양이가 얼마나 넓은 영역을 거느리는지는 저마다 다르다. 만약 도시 고양이라면 뒷마당 몇 개 정도의 영역을 순찰할 텐데, 만약 인근에 고양이가 많이 살고 서로 영역싸움을 피하고 싶어 한다면 훨씬 좁을 수도 있다. 반면 농촌 고양이들은 훨씬 멀리 진출하는 것으로 알려져 있다. 추적장치를 달아본 결과 일부 고양이들은 무려 4평방킬로미터에 달하는 영역을 배회한 것으로 나타났다.

자유 시간

고양이가 잠·관찰·모험·그루밍을 마치고 나면, 하루 중 약 2시간이 식사·화장실·놀이를 위한 시간으로 남는다. 고양이는 혼자 충동적으로 놀기도 하지만 여러분이 놀이로 유인할 수도 있다. 또 서로 편하고 친한 사이라면 다른 고양이랑 놀 수도 있다. 종종 하루가 끝나고 어두워지기 시작할 무렵, 고양이가 갑자기 힘이 뻗쳐서 사납게 질주하는 '광란의 10분'은 출구를 찾지 못해 억눌린 에너지를 소진하는 방법인 듯하다. 야외를 탐험하거나 돌아다닐 기회가 없는 집고양이들에게서 더 흔히 나타난다. 만약 이런 일이 잦다면 고양이와 일대일 놀이 시간을 더 보내는 것을 고려해보는 게 좋다.

지금 아는 것을 알아낸 방법

지금까지 20년이 넘는 세월 동안, 어쩌면 부당하게도, 고양이들은 동물행동학 연구 분야에서 개에 비해 늘 뒷전이었지요. 하지만 최근 몇 년 사이에 고양이는 전보다 인기 있는 연구 주제가 되었고 과학자들은 계속해서 더 많은 것을 알아내고 있어요.

개는 알아도 고양이는 모른다?

고양이는 인기 있는 반려동물이다. 전 세계적으로 사람들은 고양이를 개보다 세 배 이상 많이 키운다. 하지만 고양이를 가장 열성적으로 사랑하는 사람들조차 고양이가 우리의 기대대로 행동하지 않는다는 건 인정할 것이고, 역사적으로 우리는 고양이들을 상당 부분 제 뜻대로 살게 내버려둬왔다. 이는 고양이들이 진화해온 배경과 관련이 있다. 고양이들은 늘 홀로 생활했고, 서로에게 득이 된다는 딱 한 가지 이유로 인간의 활동에 동참했다. 이 점은 결코 변한 적이 없다. 오늘날 사람들은 고양이가 아름답고 재미있고 때로는 다정하다는 이유로 키울 뿐, 대개는 고양이들의 행동을 우리에게 맞추려 하지 않는다.

한편 개는 태생부터 사회적인 동물이었고, 인간은 수백 년간 친구뿐 아니라 보초, 목동, 사냥꾼까지 온갖 역할을 수행하도록 개들을 선별해서 품종을 개량했다. 그래서 개들은 이미 정해진 형태의 관계를 따른다. 즉 사람들에게 협조하고, 비위를 맞추고 싶어 하는 경향이 있다. 기본적으로, 개들은 고양이들보다 행동과 반응을 연구하기 쉽다. 주로 개를 대상으로 연구한 1990년대 후반 동물 인지과학의 위대한 선구자 가운데 한 사람인, 부다페스트의 외트뵈시로란드대학의 애덤 미클로시 교수는 유감스러워하며 2019년 인터뷰에서 인정했다. "우리는 늑대들의 사고방식을 더 잘 알고 있습니다."

연구 영역의 확장

미클로시는 과거에 고양이를 연구하려고 노력했다. 2005년에 그는 '지시 검사'에 참여할 고양이를 모집했다. 지시 검사는 사람이 무언가를 가리킬 때 동물들이 이해하는지 여부를 알아보는 대표적인 인지 검사로, 동물들이 지시를 행하는 인간이 아니라 지시의 대상을 바라봐야 한다는 것을 전제로 한다. 개들은 성공적으로 지시 검사를 통과했지만, 고양이들의 독립적인 정신은 이 비교 검사에 차질을 빚었다. 고양이들은 유감스럽게도 딴전을 부리거나 반응하지 않는 경향을 보였다.

하지만 그 후로 상황이 많이 달라졌다. 보다 최근의 연구들은 고양이와 반려인의 관계에 주목했고, 고양이들이 지지와 보호를 얻기 위해, 그리고 그저 아리송하거나 살짝 겁나는 상황에서 정보를 더 얻기 위해 반려인을 바라본다는 것을 발견했다. 그리고 수적으로도 연구가 계속 증가하고 있다. 연구 면에서, 고양이들은 현대 동물행동과학이 시작된 이래 처음으로 인기 종이 될 전망이다.

개들은 언제나 고양이보다 쉬운 연구 주제였지만, 고양이에 대한 과학적 관심이 증가하면서 발견하는 지식의 양도 증가하고 있습니다.

놀이 그리고 풍부화

고양이들은 본성상 호기심이 많아서 주문 제작 장난감부터 달아나는 곤충, 심지어 바람에 바스락거리는 종이 조각까지 많은 것들에 마음을 빼앗깁니다. 대부분의 반려묘들이 더는 전일제 사냥꾼으로 벌어먹지 않기 때문에, 가까운 환경에서 충분한 자극을 얻는 것이 중요하고 그것을 제공하는 것은 오직 반려인인 여러분의 몫이에요. 고양이들은 가지고 놀 물건이 다양하고 일상생활에 변주가 충분해야 계속해서 행복과 흥미를 느낄 수 있어요. 고양이가 여러분을 즐거움과 흥미의 원천으로 생각할수록 고양이와 여러분의 유대는 더욱 강해질 거예요.

즉흥적인 놀이

고양이들은 자기만의 놀이를 잘 고안해내요. 박스나 가방은 굴이나 은신처가 되고, 이파리나 깃털은 상상 속의 사냥감으로 변신해요. 예기치 못한 상황을 연출하거나, 일상에서 흔히 구할 수 있는 재료로 새 장난감을 만들어준다면, 놀이는 한층 흥미진진해질 거예요.

장애물 경기장 만들기

여러분은 수직에 가까운 표면을 기어오르고 아주 좁다란 곳을 딛고 서서 균형을 잡는 고양이들의 비범한 곡예술에 익숙할 것이다. 어쩌면 고양이들이 거꾸로 세운 플라스틱 컵 수백 개로 가로막힌 복도를 보고 놀라는 영상을 보았을 것이고 고양이들이 그 상황에 어떻게 대처하는지도 지켜봤을 것이다. 임시 장애물 경기장을 만들어 고양이가 고난도의 새로운 놀이에 도전하게 해보자. 고양이가 방에 없는 시간대를 골라, 손에 닿는 대로 아무 물건—커다란 책, 짤막한 나무토막, 튼튼한 종이 박스—이나 최대한 많이 모아놓고, 작은 정글짐을 만든다. 예를 들어, 튼튼한 의자 두 개 사이에 나무토막을 얹어 다리를 만든다든가, 책장 앞에 책들을 쌓아 평소에는 닿지 않던 책장에 갑자기 접근할 수 있게 해준다. 다 만든 다음에는 충분히 튼튼한지 확인하고(고양이가 모험 중에 다치는 건 바라지 않을 테니까), 고양이가 새롭게 접근할 수 있게 된 귀중품이 있다면 망가뜨리지 않게 치운다. '경기장'을 그 자리에 2-3일간 내버려두고 고양이가 어떻게 활용하는지 지켜보자.

비눗방울 잡기

고양이와 아주 쉽게 놀아주는 또 한 가지 방법은 비눗방울을 불어주는 것. 특별히 고양이를 위한 비눗방울 용액 제품이 시중에 많이 나와 있고, 고양이가 더 신이 나도록 캣닙 오일을 넣은 것도 있다. 하지만 특별한 게 필요하지는 않다. 거품을 불 막대만 있으면 평범한 주방세제를 희석한 물로도 충분하니까 즉석에서 만들 수 있다. 고양이 곁에 앉거나 서서 눈높이를 맞춘 채 고양이에게 거품을 몇 개 불어보자. 고체 비누로 만든 비눗방울은 예상치 못한 방향으로 움직이기 때문에, 잡아보라고 고양이를 독려할 필요조차 없을 것이다. 고양이가 관심을 보이는 동안 계속해서 다양한 높이와 방향으로 비눗방울을 불어준다. 어떤 거품은 잡을 수 있게, 또 어떤 거품은 닿지 않아서 애가 타도록 해보자.

◀ **비눗방울 시간이 끝나면 고양이가 잡고 깨물 수 있는 진짜 장난감을 던져주세요. 사냥 놀이가 실망스럽게 끝나지 않도록 말이에요.**

캣닙을 키워보자

작고 파란 꽃이 피는 평범해 보이는 식물, 캣닙(*Nepeta cataria*)에 고양이를 황홀경에 빠뜨리는 강력한 효과가 있다는 건 확실해요. 직접 키운 캣닙으로 고양이를 즐겁게 해주는 건 어떨까요?

캣닙의 작용

캣닙에 흥분한 고양이는 논다기보다는 꼭 약에 취한 것 같다. 몸을 쭉 뻗고, 꾹꾹이를 하고, 몸을 비틀고, 입을 실룩거리고, 한숨 돌렸다가, 또다시 캣닙을 찾고 이 과정을 다시금 반복한다. 고양이를 이토록 흥분시키는 성분인 네페탈락톤은 고양이의 특정한 후각수용기에 결합한다고 알려진 냄새 분자로, 곧바로 고양이의 뇌를 자극한다. 하지만 이 마법이 모든 고양이에게 통하는 것은 아니다. 고양이 셋 중 하나는 무관심한데, 이는 타고난 유전적 차이 때문이다.

대령하는 법

여러분의 고양이가 캣닙을 좋아하는 부류에 속한다면 캣닙을 직접 재배해도 좋을 것이다. 씨를 뿌려서 키우는 방법이 가장 저렴하다. 종류가 아주 많고, 뭉뚱그려서 캣그라스 혹은 캣닙이라고 부른다. 그러니까 엉뚱한 식물을 사지 않도록 포장에 *Nepeta cataria*라는 라틴어 학명이 적혀 있는지 찾아보자. 캣닙은 생명력이 강한 식물이라, 물이 잘 빠지는 흙과 충분한 햇빛만 있으면 잘 자란다. 하지만 호기심 많은 고양이가 새싹을 파헤치지 않게 흙을 잘 덮어주자. 충분히 튼튼하게 자란 뒤에는 텃밭 모서리에 심어서 키운다. 마당이나 발코니에서 혹은 창가에 두고 키운다면 넓고

그럼
뭐가 좋은데요?

캣닙은 대다수의 고양이가 아주 좋아하고, 황홀경을 선사하면서도 부작용은 없답니다.

얕은 화분이나 묘판에 심는다. 한 변의 길이가 30cm 인 정사각형 면적이면, 고양이 한 마리가 뒹굴고 킁킁거리고 씹기에 충분하다.

캣닙이 무성해지고 꽃을 피우는 여름이 끝날 무렵, 줄기를 잘라 캣닙 다발을 만든 다음 거꾸로 매달아 말려보자. 캣닙이 완전히 마르면 잎과 줄기와 꽃을 모두 잘게 으스러뜨리고 뾰족한 잔가지는 골라낸다. 그런 다음 잘 섞어서 시중에 판매하는 캣닙 가루처럼 통에 담는다(34-5쪽 참조).

너무 많이 즐기면 해롭나요?

어떤 고양이들은 도가 지나칠 만큼 캣닙을 좋아해요. 하지만 걱정하지 마세요. 캣닙은 중독성이 없고 고양이에게 전혀 해롭지 않아요. 만약 고양이가 캣닙에 너무 집착한다면, 캣닙 장난감을 치우거나 캣닙 화분을 감춰뒀다가 며칠 뒤에 다시 즐기게 해주세요.

얌전히 킁킁거리는 고양이가 있는가 하면, 뛰어들어서 한바탕 뒹구는 고양이도 있어요. 여러분의 고양이가 뒹구는 쪽이라도 걱정은 마세요. 캣닙은 생명력이 질긴 식물이라 곧 쌩쌩해질 거예요.

캣닙 제품
그리고 몇 가지 다른 선택지

여러분이 직접 키울 수 없다면, 시중에 나와 있는 수많은 캣닙 제품—말린 캣닙 가루, 캣닙 스프레이, 속에 캣닙 가루가 든 장난감— 중에서 골라보세요. 만약 여러분의 고양이가 캣닙에 시큰둥하다면, 그와 똑같은 자극을 제공할 수 있는 다른 선택지도 얼마든지 있답니다.

봉제 장난감에 생캣닙이나 말린 캣닙을 조금 집어넣어서, 고양이가 장난감에 계속 흥미를 느끼도록 해주세요.

다른 사용법

집에서 키웠든 구매했든 말린 캣닙 가루는 장난감에 넣어서 쓸 수 있다. 바느질을 좋아한다면 여러분만의 디자인으로 직접 만들어볼 수도 있다. 바느질을 좋아하지 않는다면, 깨끗하고 긴 헌 양말에 가루를 한 줌 넣고 입구를 꿰매주자. 기다란 뱀 같은 모양 덕분에 온몸으로 껴안을 수도 있고 냄새도 한껏 즐길 수 있을 것이다. 다른 방법으로는 고양이가 좋아하는 말랑말랑한 장난감의 솔기를 뜯어 캣닙 가루를 조금 넣고 도로 잘 꿰매준다. 만약 딱딱한 장난감을 좋아하는 고양이라면, 딸깍 열어 속을 채울 수 있는 가벼운 간식공(캣닙 가루를 한 봉지씩 동봉해서 팔기도 한다)을 사용해보자. 아니면 가운데가 텅 빈 오뚝이 모양의 장난감(kong)에 말린 캣닙 잎과 줄기를 넣어줄 수도 있다. 시간이 흐를수록 캣닙의 효과가 약해질 테니, 정기적으로 내용물을 교체하거나 캣닙 스프레이를 뿌려준다.

또 다른 황홀경

캣닙에 반응하지 않는 고양이에게 비슷한 즐거움을 선사할 수 있는 것이 두 가지 더 있다. 첫 번째는 분홍괴불나무(*Lonicera tatarica*). 중앙아시아 지역에서 커다랗게 나무로 자라는 관목으로, 잎과 꽃에 독성이 있어서 직접 키울 수 있는 종류의 식물은 아니다. 분홍괴불나무는 캣닙과는 다르지만 비슷한 효과를 가진 냄새 분자를 함유하고 있다. 나무를 깎아 간단한 장난감으로 만들거나, 작은 통나무 모양이나 얄팍한 조각으로 판매되는데 캣닙과 비슷한 반응을 불러일으키고, 마찬가지로 시간이 지나면 효과가 서서히 사라진다. 그때는 나무를 물로 적셔주면 다시 효과가 되살아난다.

두 번째 선택지는 개다래(*Actinidia polygama*)라고 불리는 식물이다. 키위과에 속하는 식물로, 고양이에게 작용하는 두 가지 냄새 분자—네페탈락톤(캣닙의 성분)과 액티니딘—를 함유하고 있다. 액티니딘은 네페탈락톤과 비슷한 효과를 갖는데, 훨씬 더 많은 고양이들이 반응한다. 주로 가루 형태로 판매돼, 장난감이나 침구 등에 뿌릴 수 있다. 반려인들의 증언에 따르면 세 가지 중 가장 격렬한 반응을 불러일으킨다.

박스는 고양이에게

고양이를 키워본 사람이라면 고양이들이 어떤 종류든 종이 박스라면 사족을 못 쓴다는 걸 잘 알 거예요. 박스를 여러 개 구해, 고양이가 좋아할 만한 좀 더 복잡한 건물을 지어 고양이를 홀려보세요.

그럼 뭐가 좋은데요?

박스 건물 짓기는 무엇보다 여러분 자신의 창의성을 북돋워줘요. 그리고 여러분의 작품에 마음을 빼앗기지 않을 고양이는 없을 거예요.

종이 박스 건물은 고양이의 체중을 감당할 수 있도록 튼튼하게 지어야 해요.

고층 빌딩 vs 단독 주택

얼마나 근사한 건물이 될지는 여러분이 시간을 얼마나 할애할지, 박스를 얼마나 많이 모았는지에 달렸다. 만약 당장 떠오르는 것이 없거나 시간이 부족하다면 여기에 소개된 방법으로 시작해보자. 고양이가 마음에 들어 한다면 더 근사한 프로젝트로 확장해볼 수도 있을 것이다.

• 터널 집

대강 비슷한 크기의 종이 박스 너댓 개를 가져와서 윗면과 바닥 면을 잘라내 각각의 박스가 하나의 짧은 관이 되게 만든다. 각 박스의 두 옆면에 다양한 크기의 둥근 구멍을 한두 개 뚫는다. 작은 유리컵이나 머그잔, 접시를 대고 그리면 매끈하게 원을 그릴 수 있다. 그런 다음 박스들을 일렬로 늘어놓는다. 이때 각 박스의 잘라내지 않은 면이 바닥에 오게 해서, 옆면에 동그란 '창문'이 뚫린 긴 터널을 만든다. 테이프를 사용해 박스들을 하나로 이어 붙인다. 터널의 한쪽 출구에 커튼처럼 드리워지도록, 터널 윗면에 깨끗한 마른 행주를 테이프로 붙여서 매달아보자. 어떤 고양이라도 '커튼'을 젖히고 들어가 터널 속을 돌아다니고 둥근 창 너머로 밖을 내다보지 않고는 못 배길 것이다.

• 종이 박스 빌딩

다양한 크기의 튼튼한 박스 몇 개가 필요하다. 하지만 고양이가 그 속에서 오르내릴 수 있을 만큼 커다란 박스여야 한다. 각 박스의 서로 마주 보는 두 면만 온전히 두고 나머지 네 면에 다양한 크기의 구멍을 한두 개씩 뚫는다. 각 박스의 한 면에 고양이가 오르락내리락할 수 있을 만큼 큼직한 구멍을 뚫는다. 그런 다음 박스 너댓 개를 차곡차곡 쌓아올리고, 옆면을 테이프로 단단히 연결한다. 맨 아래 박스의 바닥에 무거운 책이나 깡통을 괴어, 건물이 쓰러지지 않게 하자.

• 빌딩 속으로 공 굴리기

박스 빌딩을 변형할 수도 있다. 박스들의 '바닥'과 '지붕'에 같은 크기의 작은 구멍을 뚫어 서로 연결하는 것이다. 건물 속으로 공을 떨어뜨리면 공이 구멍을 통해 한 층씩 아래로 굴러떨어지는 구조가 된다. 흥미를 느낀 고양이가 이리저리 톡톡 건드려서 공을 구멍으로 빠뜨리면 공은 마침내 맨 아래층까지 떨어질 것이다. 탁구공이나 비슷한 크기의 가벼운 공이 지나갈 수 있도록, 바닥과 지붕에 뚫는 구멍은 모두 작은 종지 크기여야 한다.

포장재 다시 보기

어떤 포장재든 버리기 전에 먼저 고양이가 사용할 수 있을지 반드시 생각해보세요. 종이 박스도 좋지만, 다양한 종류의 종이, 카드 종이, 그 밖의 다른 재료로 할 수 있는 다른 재미있는 놀이도 많아요.

재료 섞기

고양이들은 바스락거리는 소리가 나는 것은 뭐든 좋아한다. 그러니까 깨지기 쉬운 물건을 포장할 때 쓰는 얇은 종이나 뽁뽁이, 갈색 포장지, 골판지, 달걀판, 관 모양의 휴지심을 버리지 말고 모아두자. 가장 단순한 놀이로는, 종이 상자에 다양한 소재의 이런 물건들을, 느슨히 포장한 간식과 함께 담아서 고양이에게 주는 방법이 있다.

관 놀이

그보다는 좀 더 오래가지만 역시나 금방 만들 수 있는 장난감이 있다. 몇 주치 휴지심과 자그마하고 단단한 상자를 준비해보자(신발 상자면 가장 좋다). 상자의 바닥면을 잘라내 만든 종이 '액자'를, 상자의 깊이에 맞게 잘라낸 휴지심들로 채운다. 아래쪽부터 풀을 발라가며 휴지심을 차곡차곡 쌓아올린다. 휴지심을 액자에 빼곡이 채우고 풀이 마르면, 벌집처럼 생긴 튼튼한 액자가 될 것이다. 바스락거리는 종이를 구겨서 구멍에 집어넣고, 간식이나 말린 캣닙이나 개다래 가루를 종이에 싸서 사이사이에 함께 넣는다. 종이관 '울타리'는 좀

그럼
뭐가 좋은데요?

다양한 종류의 포장재가 고양이에게 엄청난 재미를 선사한 뒤, 갈기갈기 찢긴 채 분리수거함에 들어가게 되지요.

더 난이도가 높다. 길이가 서로 다른 종이관들을, 옆면에든 한쪽 끝에든 풀을 발라 큼직하고 빳빳한 종이에 반원 모양으로 붙인다. 관들에 똑같이 여러 가지 재료와 간식 등을 채울 수 있다. 이때 집어넣는 종이나 재료의 끄트머리가 종이관의 윗부분으로 삐져나오게 해서 고양이가 끄집어낼 수 있게 해주자.

팝업 사냥

만약 두더지 잡기 놀이를 해봤다면, 갑자기 튀어나오는 목표물을 때려잡고 싶은 유혹을 이해할 것이다. 하지만 여러분의 고양이만큼 그 놀이에 열광할 수는 없다. 고양이를 위한 쥐잡기 놀이 기구를 직접 만들려면, 기다란 직사각형 모양에다 옆면 한쪽을 잘라낸 상자와 상자 뚜껑이 필요하다. 신발 상자가 딱이다. 뚜껑에 작은 유리잔을 대고 원을 그려서 동그란 구멍을 대여섯 개쯤 뚫는다. 이제는 '쥐'를 만들 차례. 바스락거리는 완충재 종이나 뽁뽁이를 꽁꽁 뭉쳐서, 상자 뚜껑에 뚫은 구멍을 쉽게 통과할 수 있을 정도 크기의 자그만 공을 만든다. 두꺼운 코팅지를 얇게 잘라서 30센티미터 길이의 종이 조각을 공의 개수만큼 만든다. 그런 다음 각 종이 조각의 한쪽 끝을 약 5센티미터 되는 곳에서 직각으로 접고, 이 짧게 접은 부분에 공을 테이프로 붙인다. 상자를 고양이의 눈높이에 맞춰 세우고, 상자 뒤편에 앉아 양손에 종이 조각 두세 개씩을 쥐고, 구멍에서 공이 하나씩 튀어나오게 조종한다. 고양이가 앞발로 때리려고 하면 못 잡게 잡아당긴다. 고양이가 흥미를 보이기 시작하면, 더 잽싸게 움직인다. 고양이가 움직일 조짐이 보이는 즉시 쥐 몇 마리를 동시에 움직여야 할 것이다. 여러분에게도 고양이에게도 좋은 운동이 될 것이다.

미끼 던지기

아기 고양이와 처음 놀아줄 때, 코르크 소재의 낚시 찌를 매단 줄을 바닥에 늘어뜨리고는 홱 잡아당기곤 했을 거예요. 낚싯줄에 달린 미끼를 잡는 것은 대부분의 고양이가 평생토록 열광하는 놀이예요. 고양이가 계속해서 흥미를 느끼도록 다채로운 방법을 시도해볼 수 있겠지요.

낚시 놀이

고양이가 강아지풀이나 오뎅 꼬치 모양의 막대 장난감으로 이미 재미있게 논다면 좀 더 빠르게 움직여주거나, 훨씬 더 유혹적인 사냥감을 제공해보자. 이를테면 반려동물 용품점에서 살 수 있는 장난감 낚싯대로 미끼를 '날려'보는 식으로. 그런 낚싯대를 사용하면 사냥감을 더 멀리까지 '띄울' 수 있고 도로 잽싸게 당길 수도 있어서 고양이가 훨씬 더 재미있어할 것이다.

미끼로는 뭐가 좋을까? 동물 털 조각이나 깃털을 합쳐서 만든 기성품 '미끼'를 살 수도 있고, 고양이가 가장 좋아하는 장난감을 골라 낚싯줄에 매달 수도 있다. 작은 봉제 장난감이나 공에 캣닙이나 개다래 향을 더하면 더욱 짜릿한 놀이가 될 것이다. 센서가 들어 있어서 건드리면 살아 있는 것처럼 파닥거리는 작은 물고기 장난감도 파는데, 이걸 낚싯줄에 달아서 사용하면 고양이가 펄쩍 뛰어올라 '덮치며' 에너지를 한껏 분출할 수 있다.

첫 번째 미끼로 낚싯줄에 뭘 매달지 선택했다면 미끼를 움직이는 속도와 높이에 변화를 줘보자. 미끼가 잠시 움직임을 멈추면 고양이도 멈춰섰다가 느릿느릿 접근할 거고, 미끼가 다시 달아나면 고양이도 다시 전면적인 추격전을 벌일 것이다. 미끼를 바닥에서 끌다가 고양이의 머리 위로 높이 치켜들어서 고양이가 곡예를 펼치게 해보자. 때로는 고양이가 숨어 있던 미끼를 발견하도록 해본다. 미끼가 문지방을 넘거나 의자나 소파 뒤에서 나타나도록 끌어서 고양이가 깜짝 놀라며 발견한다거나, 쿠션이나 담요, 러그 밑에 미끼를 숨겼다가 고양이가 곁을 지나갈 때 미끼가 불쑥 튀어나오게 해보자.

다양한 장난감을 미끼로 써보세요. 깜짝 놀랄 만한 요소를 가미하면 고양이가 계속해서 흥미를 느낄 거예요. ▶

안전하게 놀기

고양이들은 낚싯대 놀이를 할 때 대단히 몰두해요. 그러니 만에 하나 고양이가 낚싯줄 가닥을 삼킬 우려가 없도록 조심해야 해요. 양모로 된 실은 고양이가 이빨로 끊기 너무 쉬우므로 사용해서는 안 돼요. 아주 질긴 줄이나 가느다란 테이프, 나일론 줄을 사용하세요. 놀이가 끝나면 낚싯대를 아무 데나 두지 말고, 잘 감아서 서랍에 보관하세요.

그럼 뭐가 좋은데요?

규칙적으로 활발하게 낚싯대 놀이를 하는 것은 고양이에게 훌륭한 운동이에요. 이따금 고양이들이 '이기게' 해주는 걸 잊지 마세요. 보상이 따라야 흥미를 잃지 않을 테니까요.

모빌 놀이

모빌은 고양이가 매혹될 장점을 두루 갖추고 있어요. 움직이는 물체를 관찰할 수도 있고, 닿을 듯 말 듯 애가 타서 곡예에 가까운 점프 실력을 발휘하게 하지요. 거기에 촉감이나 맛 같은 다양한 요소들까지 추가하면 더욱 매혹적인 모빌을 만들 수 있어요.

나만의 모빌 만들기

상상 가능한 온갖 형태의 고양이용 모빌이 판매되고 있다. 심지어 '아기 체육관'을 흉내 낸 아기 고양이용 모빌도 있다. 하지만 여러분만의 단순한 모빌을 만든다면, 고양이가 계속해서 흥미를 느끼도록 언제든 부수고 새로운 형태를 고안해 다시 만들 수 있다. 게다가 지구를 위협하는 플라스틱 폐기물도 덜 나올 것이다.

우선 모빌을 걸 금속이나 목재 뼈대가 필요하다. 철제 옷걸이 몇 개를 편 다음 다시 구부려서 둥그스름하게 만들거나, 나무 소재의 탄력 있는 식물 지지대 두 개를 곡선으로 구부려 타원형을 만들고 테이프로 연결해서 만들 수 있다. 뼈대의 양쪽에 맨 줄을 창틀, 문틀 혹은 천장에 박은 후크에 건다. 미끼를 매달 때는 튼튼한 줄을 다양한 길이로 잘라 사용한다. 줄의 한쪽 끝은 뼈대에 단단히 묶고, 반대쪽 끝에는 털공 혹은 깃털, 풀잎, 말린 캣닙, 밀짚 뭉치 등을 단다. 고양이가 가장 좋아하는 간식을 큼직한 조각으로 직접 매달 수도 있고, 아니면 고양이가 잡아서 열 수 있는 속이 빈 작은 공에 넣어서 매달 수도 있다. 이제 모빌을 걸어보자. 고양이의 마음을 사로잡을 수 있게, 바람에 흔들릴 수 있는 곳에 모빌을 설치하는 것이 좋다.

잊지 말자. 고양이는 움직임만큼이나 소리에 아주 민감하고, 여러분이 만든 모빌에서 나는 소리를 아주 좋아할지도 모른다. 그러니까 위에서 언급한 것들을 평범한 풍경(風磬)에 매다는 것도 훌륭한 선택지가 될 수 있다.

줄로 매다는 대신 빨래집게로 집어서 매다는 방법도 있어요. 훨씬 간단히 다른 물건으로 바꿔 달 수 있어요.

제대로 달아요

어떤 방식을 택하든 모빌은 적당한 높이로 안전하게 매달아야 한다. 고양이가 잡기에 버겁지만 매단 줄들 가운데 하나는 잡을 수 있을 정도의 높이로 맞추는 것이 좋다. 고양이가 모빌에 달린 미끼를 잡으려고 할 때 모빌이 통째로 떨어지지 않게, 모빌을 건 고리가 튼튼한지 확인하자. 고양이가 노는 모습을 잘 관찰하다가, 필요하다면 높이를 조정해준다.

그럼 뭐가 좋은데요?

모빌은 그냥 설치해두면 되니 사람 손이 덜 가는 놀이 방법이에요. 가끔씩 미끼를 한두 가지 바꿔주거나, 모빌을 통째로 다른 곳에 매달아 고양이의 흥미에 다시금 불을 지펴보세요.

터널 놀이

장난감 터널은 대개 고양이보다는 개를 떠올리게 하지요. 개에게 민첩성 훈련을 시킬 때 주로 터널을 사용하니까요. 하지만 작고 가벼운 소재의 장난감 터널은 고양이도 좋아할 거예요. 아늑한 은신처로도, 훌륭한 매복 장소로도 안성맞춤이니까요.

어떤 종류의 터널이 좋을까?

장기적으로 봤을 때 직선 형태이고, 고리 모양의 튼튼한 뼈대가 들어 있고, 접어서 보관할 수 있는, 나일론 소재의 가장 단순한 놀이용 터널이 가장 쓸 만하다. 원반 모양으로 납작하게 접을 수 있어서 보관하기 쉬울 뿐 아니라(고양이만을 위한 놀이방이 있는 게 아닌 이상, 중요한 요소다), 시중에 나와 있는 크고 무거운 터널보다 여기저기 옮겨가며 사용하기에도 좋다. 덩치 큰 터널들은 털 소재로 나오기도 하고, 여러 갈래로 뻗은 복잡한 '미로' 모양도 있다. 놀기에 재미있을 수는 있지만 자리를 너무 많이 차지하고 청소하기 어렵다는 단점이 있다. 그래도 윗면이나 옆면에 망볼 수 있는 구멍이 몇 개쯤 뚫려 있는 터널을 장만하는 게 좋다. 고양이들은 대개 밀폐된 공간에 숨어서 몰래 슬쩍 내다보는 것을 좋아하기 때문이다. 형편이 된다면 4미터짜리 긴 터널을 사서 놀이의 재미를 극대화해보자. 아니면 짧은 제품 두 개를 구입해 길게 연결해서 쓰는 방법도 있다.

고양이는 터널의 어떤 점에 열광하는 걸까? 무엇보다도 터널은 고양이에게 혼자만의 장소를 제공한다. 몸을 숨기는 장소로도 주위를 관찰하는 장소로도 안성맞춤일 뿐 아니라, 움직일 때마다 얇은 나일론 천이 바스락거리는 소리도 고양이의 흥미를 더욱 자극할 것이다. 터널은 실내에서도 실외에서도 사용할 수 있다. 야외에서는 작은 돌멩이로 괴어서 터널을 한 자리에 안전하게 고정해주자. 고양이들은 위태로워 보이는 물건은 사용하길 꺼릴 수 있다.

고양이가 평소 집 안팎을 관찰할 때 머무르기 좋아하는 장소에 장난감 터널의 한쪽 끝이 위치하도록 설치해보세요. ▶

놀이 방법

고양이와 무슨 놀이를 하든 터널을 활용하면 훨씬 흥미진진해진다. 낚싯대의 미끼가 터널 입구를 쓸고 지나가게 해서 잠복했던 고양이의 기습을 유도할 수도 있고, 공을 굴려넣을 수도 있다. 더욱 흥미를 돋우려면, 태엽을 감은 장난감을 터널로 집어넣어 고양이가 추적하게 할 수도 있다. 터널 안에 캣닙 가루를 뿌려주면 그 속에서 몽상에 빠져들 수도 있겠다. 터널 속에 드문드문 간식을 놓아, 쫓아가며 찾아먹게 할 수도. 터널 속에 서너 개를 차례로 놓고 터널 반대쪽, 방 이곳저곳에도 몇 개 더 숨겨보자(만약 밖에서 놀고 있다면, 정원에 숨긴다). 여러분의 고양이가 터널을 안전한 은신처로 여긴다면, 터널을 잠자리로 택할 수도 있다.

그럼
뭐가 좋은데요?

고양이에게 터널은 종이 박스만큼이나 매력 만점의 장난감이에요. 게다가 터널은 박스보다 훨씬 오래가지요.

안전한 장갑 놀이

여러분은 이미 기다란 손가락 끝에 동그란 공이 달린 섬뜩하게 생긴 장갑을 반려동물용품 가게에서 본 적 있을 거예요. 아마도 거들떠보지 않았을 거고요. 하지만 속단은 금물이에요. 그 장갑은 고양이와 밀착해서 놀 수 있는 훌륭한(그리고 안전한) **도구랍니다.**

손 vs 발 놀이

고양이와 맨손으로 부대끼며 놀면 발톱에 긁히기 십상이다. 그러니 이 장갑은 생긴 건 좀 괴상해도 하나쯤 갖고 있으면 훌륭한 품목이다. 여러분의 손이 가볍지만 튼튼한 갑옷을 입었다고 상상해보라! 이런 장갑이 처음이라면 고양이가 서서히 익숙해지게 해줘야 한다. 우선, 장갑을 주위에 둬서 고양이가 냄새도 맡고 이리저리 들여다보게 하자. 그런 다음 손에 장갑을 끼고는 고양이가 자세히 더 자세히 볼 수 있도록 잠자코 기다린다. 고양이가 장난을 치기 시작하면, 기다란 손가락을 이용해 고양이를 부드럽게 쓰다듬거나 슬쩍 들이밀어보자. 찌르거나 쑤셔서는 안 된다. 그래야 위협을 느끼지 않고 고양이가 쉽게 장갑과 친해질 것이다. 고양이가 발톱을 세워 꽉 움켜쥘 때는, 손을 홱 빼내려 하는 대신 고양이의 몸통에 장갑을 더 가까이 대고 지그시 눌러준다. 직관적으로는 그러면 안 될 것 같겠지만, 실제 먹잇감이 된 동물과는 반대로 행동하는 셈이다. '달아나려고 발버둥치기' 않기 때문에 잡았던 장갑을 순순히 풀어줄 것이다. 결국 장갑 놀이에서 중요한 것은 고양이의 전투력을 높이는 것이 아니라, 여러분의 부상을 피하면서 함께 노는 것이다.

손가락을 더 길게

다른 장난감을 줄에 매달아 손가락 끝에 연결하고는, 낚싯대에 매단 미끼처럼 움직이며 고양이를 유인해보자. 그것들은 실제로 여러분 손에 붙어 있어 조종하기가 한결 쉬울 거고, 여러분의 고양이는 흥미를 느끼고 따라 움직일 것이다. 그러면 손을 높이 들어서 잠시 모빌처럼 가만히 둬보자. 고양이가 손을 잡기 위해 몸을 쭉 뻗으며 뛰어오르도록 말이다. 이번에는, 장갑 낀 손을 러그 밑에 숨기거나, 가구 밑으로 손가락 끝만 삐져나오게 했다가 갑자기 움직여보자. 지나가던 고양이가 불쑥 튀쳐나온 손을 보고 추격전을 벌일 것이다.

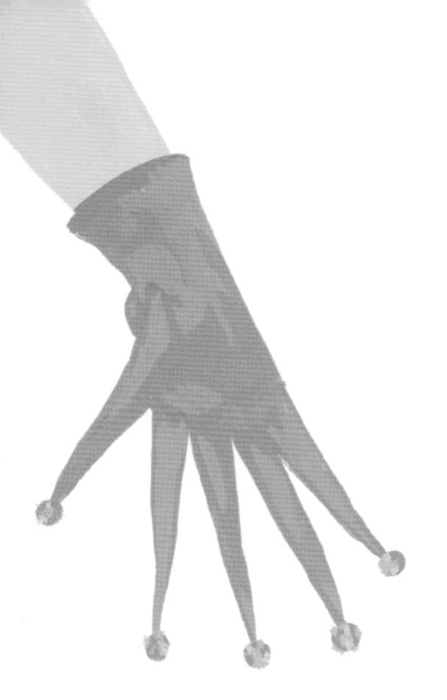

안전 제일

놀기 전에 장갑을 잘 점검하세요. 장갑의 손가락 부분은 흔히 끝이 날카로운 플라스틱이나 철사로 보강돼 있는데, 오래 쓰다 보면 헝겊을 뚫고 나올 수 있으니까요.

그럼 뭐가 좋은데요?

고양이는 기분이 순식간에 돌변하기 때문에, 놀이가 격렬해지면 여러분을 불쑥 할퀼 수 있어요. 손가락이 기다란 장갑을 끼면 다칠 걱정 없이 고양이의 속도에 맞춰 놀 수 있어요.

다칠 위험이 없어지면 더 과감히 놀고 싶겠지만, 장갑을 꼈을 때도 너무 거칠게 노는 건 위험해요.

연못 놀이

고양이가 만약 수도꼭지에서 똑똑 떨어지는 물을 마시기를 좋아하거나 (여러분이 목욕 중인) 욕조에 앞발을 넣어보는 실험정신의 소유자라면, 물을 이용한 참신한 놀이를 좋아할지도 몰라요. 물을 그렇게까지 좋아하지는 않더라도, 물을 이용한 놀이나 정원의 분수는 좋아할지도 몰라요.

수면에 비친 모습과 물결

고양이가 물에 끌리는 것은 수면을 건드렸을 때 느껴지는 다양한 자극과 더불어, 고양이에게는 대단히 매혹적일 빛의 무늬와 움직임을 동시에 관찰할 수 있기 때문일 것이다. 일군의 과학자들에 따르면, 고양이들은 웅덩이의 잔잔한 물(즉, 고인 물)보다 마셨을 때 안전하기 때문에 움직이는 물에 본능적으로 매혹된다. 그런데 고양이들은 가까이 있는 것을 잘 보지 못하기 때문에 앞발로 '건드려' 물결이 이는지(움직이는 물인지) 확인한다는 것이다. 물을 이용해 고양이와 놀 수 있는 가장 간편한 방법은 널찍한 화분 받침이나 얕은 그릇에 물을 따르고 그 위에 작은 물건들을 띄우는 것이다. 탁구공이나 종이조각을 띄워보자. 작은 종이배면 딱 좋다. 가벼워서 물에 뜬 채 잘 움직이면서도 놀랄 만큼 튼튼해서 잘 가라앉지도 않기 때문이다. 아니면 물에 띄우고 살짝 건드려서 움직일 수만 있다면 잔가지나 잎 같은 작은 자연물도 좋다. 고양이용 간식을 몇 조각 물에 띄워줄 수도 있을 것이다(별 관심을 보이지 않는다면 너무 눅눅해지기 전에 건져내자. 모든 고양이가 '낚시'를 좋아하는 건 아니니까).

물가 안전 수칙

전통적으로 알려진 바와는 달리, 고양이들은 대부분 헤엄을 칠 줄 알고, 그중 소수는 수영을 즐기기까지 해요. 하지만 대개는 물에 몸을 담그지 않는 편을 선호해요. 정원에 깊은 연못이 있다면 그물로 덮어 막아주세요. 고양이가 낚시에 너무 몰두해 연못에 빠질 수 있으니까요.

고양이 분수

수도꼭지를 좋아하는 고양이는 자신만의 분수대를 좋아할지도 모른다. 온라인 상점이나 반려동물용품점도 저렴한 것에서 아주 고급스러운 것까지 다양한 종류를 판매하지만, 대부분은 물을 마시는 용도이지 놀이용은 아니다. 그런 제품들 대신 사용할 수 있는 것으로는, 야외 수영장에 띄울 수 있고 고양이가 앞발로 밀어 움직일 수 있을 만큼 가볍고 작은 태양열 분수가 있다. 아주 큰 화분 받침이나 새들을 위한 수반에 띄워서도 쓸 수 있다. 태양열이기 때문에 움직였다 멈췄다 하는데, 이렇게 깜짝 놀라게 하는 요소도 고양이에게는 대환영이다. '와, 물이다! 앗, 어디 갔지?'

◀ **연못 놀이를 할 때 탁구공부터 잔가지나 잘게 자른 사과 조각까지 다양한 것을 띄워보세요.**

전망 좋은 방

고양이들은 창밖 풍경 감상을 좋아해요. 하지만 풍경이라고 다 같은 풍경은 아니지요. 대부분의 고양이들이 지나가는 행인들도 즐겁게 관찰하겠지만, 고양이가 가장 좋아하는 풍경은 초록빛 풍경이에요. 나무와 풀이 다양한 방식으로 자연스럽게 움직이고 그 사이로 언뜻언뜻 새와 다람쥐가 보이며 애태우게 하는 풍경이요.

창가 생활

도시 풍경이든 전원 풍경이든 여러분의 고양이는 어떤 풍경이라도 대개는 한껏 만끽할 것이다. 기왕이면 편히 즐길 수 있게 해주자. 창턱은 물론 고양이가 딛고 뛰어오를 수 있는 지점에 놓인 깨질 수 있는 물건은 모두 치운다. 더욱 편안하게 쉴 수 있도록 쿠션이나 러그를 놔주면 좋다. 창턱이 따로 없다면, 창과 비슷한 높이로 앉을 곳을 만들어주자. 고양이가 점프해서 올라갈 수 있는 높이의 작고 튼튼하고 깔끔한 탁자라면 충분하다.

고양이들을 위한 상영 시간

고양이에게 보여줄 자연풍경이 전혀 없는 집이면 어떻게 할까? 한 가지 방법은 캣 티브이(Cat TV)다. 여러분이 아니라 고양이 시청자들의 흥미를 끌 만한 것을 모아서 만든 영상물로, 저마다 바삐 움직이는 다종다양한 새, 설치류, 물살이가 출연하는 특별한 프로그램이 십여 년 전부터 나오기 시작했다. 하지만 그것이 과연 유익한가에 대해서는 반려인들 사이에서나 고양이들 사이에서나 의견이 분분하다. 아무리 보여줘도 화면에서 벌어지는 일에는 아예 관심을 보이지 않는 고양이가 있는가 하면, 어떤 고양이들은 사냥할 수도 없고 실제로 존재한다고도 할 수 없는 야생동물의 삶에 과몰입해 반려인의 걱정을 사기도 한다.

여러분의 고양이가 캣 티브이를 애청할 것 같다면, 덜컥 고양이용 방송을 결제하기 전에 인간을 위한 일반 자연 다큐멘터리를 보여주고 반응을 살펴보자. 대체로 고양이들이 주시하는 것은 다양한 종류와 속도의 움직임이다. 고양이는 움직이는 것은 인간보다 훨씬 미세하게 포착하지만, 정적인 장면은 인간만큼 자세히 보지 못한다. 그러니까 열대 우림의 생태를 담은 다큐멘터리에 흥미를 보이지 않는다면, 모이 통으로 날아와 식사하는 새들이 나오는 고양이용 맞춤 영상에도 시큰둥할 게 분명하다. 만약 여러분의 고양이가 충분히 관심을 보이면서도 화면 속 생명체에 직접 다가가려 하거나 겁먹지 않는다면, 캣 티브이가 일상적인 창밖 풍경을 대체할 즐거운 볼거리가 될지도 모른다.

그럼 뭐가 좋은데요?

고양이들은 잠자코 지켜봤다가 기습하는 사냥꾼으로 진화했기 때문에 여러분의 반려묘는 세상 돌아가는 모습을 몇 시간이고 행복하게 푹 빠져서 관찰할 수 있어요. 안전하고 편안한 자리만 마련해준다면요.

◀ 고양이에게는 어떤 풍경이든 미세한 다채로움과 움직임으로 가득한 세상으로 보여요. 초록빛 자연풍경이라면 더욱더 환상적이겠죠.

건강 관리와 웰빙

좋아하는 자리 대여섯 곳 가운데 한 곳에서 널브러진 채 여느 때처럼 숙면을 취하는 고양이를 보면 여러분은 '고양이에게 웰빙은 천성이구나.' 생각하고 넘어가고 싶을지도 몰라요. 하지만 고양이의 욕구가 그리 간단치만은 않답니다. 앞에서 고양이와 함께할 수 있는 놀이 방법을 살펴봤다면 이 장에서는 여러분이 고양이에게 제공할 수 있는 자극과 흥미를 종류별로 살펴볼 거예요. 발톱을 갈 수 있는 장소를 여럿 마련해 주는 것부터, 레이저 포인터 놀이로 활력을 높이고, 필요할 때 숨어들 은신처를 확보해주는 것까지 말이에요. 고양이를 크게 관심을 기울일 필요 없는 애완동물이 아니라, 영리하고 호기심 넘치는 생명체로 대할 때 고양이도 삶에 최선을 다할 거예요.

집고양이와 외출 고양이

요즘은 과거에 비해 실내에서만 생활하는 고양이가 훨씬 많아졌어요. 여러분이 '이 고양이는 내 고양이다'라고 말할 수 있으려면, 고양이가 야외생활에서 누릴 자극을 벌충할 수 있을 만큼 집 안에서도 신체 활동을 충분히 누릴 수 있어야 하고, 이상적으로는 여러분과 친밀한 교감을 충분히 나눌 수 있어야 해요.

무료함 방지

고양이를 실내에서만 생활하게 하는 이유로는 여러 가지가 있다. 사는 지역 자체가 고양이를 돌아다니게 두기에 너무 위험할 수 있다. 집이 대로변에 있다든가 하는 경우다. 혹은 반려인이 고양이가 사냥이나 서열 싸움을 하다가 다치는 걸 두려워할 수도 있다. 이유야 뭐든 여러분의 고양이를 '집고양이'로 키우기로 했다면, 고양이의 자연스러운 욕구를 표출할 수 있는 환경을 갖춰야 한다.

- 긁을 곳(외출 고양이들은 실내에서도 기둥이나 다양한 형태의 스크래처를 사용할 뿐 아니라 집 밖에서도 나무를 긁을 수 있다. 하지만 집고양이에게는 우리가 마련해주는 것이 전부라는 걸 잊지 말자).
- 안전하다고 느낄 수 있는 높은 장소.
- 혼자만의 시간이 필요할 때 숨을 장소 여러 곳과 (가능하다면) 바깥 풍경을 바라보며 충분한 자극을 얻을 수 있는 곳.

놀이 시간은 집고양이에게 특히나 중요하다. 하루에 서너 번 10-15분쯤을 할애해 집중해서 놀아주자. 에너지를 소진할 수 있는 레이저 포인터나 낚싯대 놀이를 포함해서, 다양한 방법으로 놀게 한다.

실내이면서도 실외인 공간

만약 여러분의 집에 마당처럼 막힌 야외 공간이 있다면, 집고양이를 위한 안전 구역을 만들어주는 것을 고려해보자. 생각보다 설치하기도 쉽고(게다가 저렴하고), 비록 멀리 나다니지는 못해도 고양이들이 바깥 세상의 온갖 냄새를 만끽하기에는 충분하다. '캣티오(catio)'라고 불리는, 이 고양이용 울타리 집은 이미 북미 지역에서는 큰 인기를 얻고 있고 영국과 유럽 지역에서도 부쩍 늘어나고 있다. 목재 뼈대에 치킨망(chicken wire)을 쳐서 만든 단순한 형태부터, 높직한 앉을 자리가 두 개쯤 있고 그 사이에 '다리'를 놓은 것, 더 나아가, 높은 전망대 자리 여러 개와 반려인이 앉을 자리, 해먹은 물론 그 밖의 호화로운 고양이용품을 갖춘 고양이 궁전까지 여러 형태로 만들 수 있다. 가격대에 따라 다양한 조립식 제품이 나와 있지만, 여러분이 뭔가를 손수 만드는 데 소질이 있다면 직접 만들 수도 있다. 아이디어를 짜내 손수 지은 집에는 돈 주고 살 수 없는 특별한 매력이 있기 마련이다.

◀ 고양이를 위한 실내/외 울타리 집은 튼튼하고 안전해야 해요. 하지만 기본적인 손재주만 있다면 단순한 형태로 직접 만들 수 있어요.

긁기의 즐거움

발톱을 긁는 것은 고양이에게는 아주 자연스러운 행동이에요. 물론 고양이가 가장 긁기 좋아하는 것이 여러분이 아끼는 오래된(혹은 새로 산) **소파의 팔걸이라면 달갑지 않겠지만요. 그래도 소파 대신 다른 것들을 긁도록 유도할 수 있답니다. 가장 인기 있는 것으로는 기둥형 스크래처가 있어요.**

고양이는 긁어대면서 발톱을 다듬을 수 있을 뿐 아니라, 발바닥의 '젤리' 사이에 있는 샘에서 분비되는 체취도 남길 수 있다. 고양이들은 한번 긁을 곳을 정하면 잘 바꾸지 않는다. 그러니까 일단 긁을 자리를 바꾸는 데만 성공해도, 새로운 자리에 만족할 확률이 높다.

고양이가 가구를 긁지 않기를 바란다면, 더 구미가 당길 만한 걸 제공해야겠죠.

스크래처 유의 사항

기둥형 스크래처를 들였는데 고양이가 사용하지 않는다고 푸념하는 반려인도 많다. 그러니 여러분이 장만하려는 스크래처가 고양이가 바라는 기준을 충족하는지 면밀히 검토해보고 구입하자. 그리고 어디에 둘지도 미리 생각해둬야 한다.

- **튼튼해야 하고 흔들릴 우려가 없는 자리에 설치할 것.**

바닥이 울퉁불퉁하거나 불안정한 장소라면 고양이가 겁을 먹을 수 있다.

- **고양이가 몸을 완전히 뻗은 자세로 긁을 수 있을 만큼 충분히 높을 것.**

높이가 최소한 1미터는 돼야 하고, 더 높아도 좋다.

- **스크래처의 표면이 고양이가 긁고 싶어 하는 질감일 것.**

일부 연구에 따르면 대부분의 고양이는 세로 직조틀을 이용해 느슨하게 짠 표면을 더 좋아하고 뜯기고 너덜너덜해질수록 더 좋아하는 것으로 밝혀졌다. 발톱이 걸리거나 깔쭉깔쭉해질 염려 없이 만족스레 긁을 수 있는 질감이어서 그렇다고 한다. 어떤 고양이들은 기둥을 사이잘 삼줄로 단단히 감은 캣트리에 열광하지만, 어떤 고양이들은 시큰둥해한다. 만약 사이잘 삼줄에 실패했다면 여러분의 고양이가 선호할지 모를 느슨한 질감의 스크래처를 찾아보자. (일반적으로, 고양이들은 아주 탄탄히 직조된, 털이 가슬가슬한 천은 좋아하지 않는다. 그러니까 새로 산 스크래처로 고양이의 관심을 돌리고 싶다면, 고양이가 긁지 '않길' 바라는 곳을 털실로 촘촘히 짠 천으로 덮거나 감싸놓자. 천, 이를테면 트위드 천으로 덮거나 감싸보자.)

- **집 안에서 '중요한' 자리에 놓을 것.**

기둥형 스크래처는 기왕이면 눈에 띄고 자주 지나다니는 곳에 두는 것이 좋다(예를 들면 이미 잔뜩 긁어놓은 가구 옆). 고양이는 자신의 흔적을 확실히 남길 목적으로 발톱을 긁기 때문에, 그처럼 눈에 띄는 곳이나 주요한 길목을 선호하는 걸지도 모른다. 그러니까 스크래처를 구석 자리에 처박아뒀다가는 고양이가 사용하려 들지 않을 수 있다. 일단 스크래처가 자리를 잡고 고양이의 사랑을 받게 된 후에는 살짝 덜 중요한 자리로 옮겨볼 수도 있을 것이다.

다양하게 긁는 즐거움

긁기에 진심인 열정적인 고양이라면 기둥형 스크래처 하나로는 부족해요. 다양한 자리에 둔 다양한 촉감의 다양한 스크래처에 열광할 거예요. 여러분이 손수 만들어볼 수도 있겠고요.

나만의 그루터기 스크래처 만들기

골판지가 많이 필요할 뿐 만들기는 아주 쉽다. 잘만 만들면 일반적인 스크래처 제품보다 보기도 좋을 뿐 아니라 무엇보다 오래간다는 장점이 있다. 많은 고양이들이 그 위에 앉을 수도 스크래처로 쓸 수도 있다는 점을 아주 마음에 들어 한다.

원래 집 밖에 사는 고양이들은 나무에 발톱을 긁는 습성이 있으니, 이 골판지 그루터기 스크래처는 그 유산을 계승하는 셈이다. 커다란 골판지 한 롤과 접착력이 강한 풀이 필요하다. 일정하지 않은 모양으로 겹겹이 쌓아올려서 울퉁불퉁한 진짜 나무 그루터기처럼 만들어보자.

1. 신문지를 오려 본을 두 장 만든다. 하나는 그루터기의 바닥 부분, 또 하나는 꼭대기 부분이다. 꼭대기는 바닥보다는 훨씬 작지만 고양이가 앉을 수 있을 정도의 넓이는 돼야 한다.

2. 본을 대고 크기를 가늠하며 골판지를 잘라서, 한 겹 한 겹 풀로 붙여 쌓아올린다. 나무처럼 모양에 변화를 주되, 안정감이 있으려면 모두 바닥의 본보다는 조금 작아야 하고, 맨 위 몇 장은 꼭대기용 본과 크기와 모양이 같아야 한다. 높이는 최소 80센티미터를 목표로 하자.

3. 완성한 뒤 풀이 마르면 꼭대기에 캣닙 가루를 흩뿌려준다.

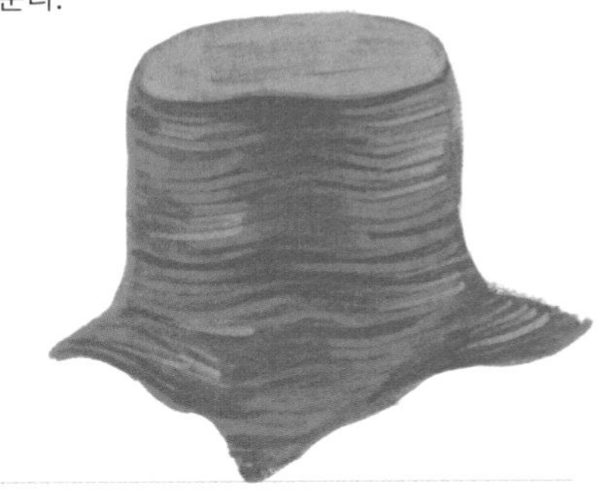

골판지는 캣닙처럼 수많은 고양이들이 열광하는 품목이에요. 골판지로 만든 '나무 그루터기'는 긁을 곳도 되고 올라가 앉아 있을 곳도 돼요.

바닥과 문틀

대부분의 고양이는 가로형과 세로형 스크래처 모두를 즐기지만, 어떤 고양이들은 세로형 스크래처를 더 선호한다. 고양이가 긁기 좋아할 만한 소재—사이잘 삼줄 직조물이나 카펫—로 된 액자 형태의 스크래처를 구입해서 벽에 붙일 수 있지만 직접 만들기도 아주 쉽다.

여러분의 고양이가 문틀을 긁기 좋아한다면, 문틀에 카펫이나 그 밖의 거친 소재를 길게 잘라붙여서 고양이가 좋아하는지 확인해보자.

발톱 제거

고양이의 긁는 습성에 대한 해결책으로 누군가 발톱 제거(declaw)를 거론한다면, 일고의 가치도 없으니 무시하세요. 수많은 나라에서 법으로 금지돼 있답니다. 이 수술은 고양이가 긁는 행위 자체를 못하도록 발가락의 첫 번째 관절을 모두 절단합니다. 고양이를 정말로 사랑하는 사람이라면 상상하기도 힘든 비인도적인 행위예요.

캣타워
장점과 단점

고양이 한 마리가 앉아 쉴 수 있을 정도의 크기인, 기둥 하나에 한두 단짜리 캣타워부터, 기둥형 스크래처와 오두막집, 툭툭 치며 놀 수 있는 모빌과 들여다볼 수 있는 거울까지 포함하는 정교한 놀이동산까지 무수히 많은 형태의 캣타워가 있어요.

캣타워에 대한 견해는 인테리어 효과와 고양이의 재미 가운데 어느 쪽을 우선시하느냐에 따라 두 파로 나뉜다. 캣타워가 보기 흉한 것은 사실이다. 대량 생산되는 값싼 종류는 만듦새가 조잡하고, 흔히 초록색이나 베이지색 싸구려 카펫으로 '마감'돼 있다. 고양이야 그런 것쯤은 개의치 않을 것이고, 높은 전망대와 숨을 수 있는 아담하고 매력적인 오두막, 편리한 곳에 자리잡은 스크래처 기둥을 갖추었다면 좋아할 확률이 높다. 하지만 여러분이 생활공간을 (인간의 눈에) 보기 좋게 배치하는 데 시간과 공을 들였다면, 아무리 고양이가 좋아한다 해도 캣타워의 외관을 눈감아주기 힘들 수 있다.

맞춤 제작 캣타워

캣타워를 덥석 사들여 고양이가 아주 흡족해하며 잘 사용하게 된 뒤에, 도저히 흉해서 집에 못 두겠다고 결론짓는 일은 없어야 할 테니 처음부터 신중히 생각해야 한다. 만약 집 안에 여분의 공간이 있고, 여러분의 고양이가 캣타워를 좋아할 거라고 예상되는 열정적인 모험가라면, 다음의 두 선택지가 있다.

1. 장기적인 투자라고 생각하고, 여러분의 집에도 어울리고 고양이의 마음에도 들 물건을 찾아 충분히 돌아다니고 알아본 뒤에 구입하자. 여러 개의 앉을 자리가 건축물처럼 단순한 형태로 배치된 환한 색상의 세련된 캣타워나, 실제 나무처럼 사실적인 나뭇잎이 달린 캣트리처럼 대부분의 인테리어에 무난하게 어울리는 종류도 있다. 좋은 것들은 값이 꽤 나간다.
2. 품은 들지만 더 재미있는 방법도 있다. 당신만의 캣타워를 설계하는 것이다. 솜씨가 된다면 직접 만들고 아니면 동네 목수를 찾아 작업을 의뢰해보자.

캣타워의 종류는 고양이만큼이나 다양해요. ▶
그러니까 여러분의 고양이가 어떤 종류를
가장 좋아할지 예상하고 조사하는 수고를 아껴서는 안 돼요.

아무리 육중한 고양이라도 엄청난 무게는 아니어서, 오두막·해먹·선반을 직접 벽에 박아서 설치할 수 있다. 보기에도 근사할 뿐 아니라 자리를 차지하는 기둥이나 받침대도 필요 없다. 이 방법을 시도하려고 한다면, 마음껏 사용하도록 고양이를 풀어주기 전에 점검이 필수다. 고양이가 이용할 높은 선반들이 하중을 얼마나 견딜 수 있는지 무거운 책 몇 권을 이용해 확인하자. 벽면에 직접 박아서 설치하면, 책장 같은 집 안의 다른 요소들과 고양이의 공간이 통합되는 셈이다. 그러니 어떤 동선이 가능할지 상상력을 발휘해보자.

레이저 포인터로 놀기

레이저 포인터 놀이는 고양이의 활력을 증진시킬 수 있다는 큰 장점이 있어요. 레이저 포인터는 날개를 파닥거리거나 종종걸음치는 것처럼 사실적으로 움직일 수 있어서 고양이들은 그 매력에 푹 빠지지요. 하지만 동물행동 전문가들 사이에서는 안전 문제로 비판의 도마에 오르기도 했어요. 고양이하고 놀 때 레이저 포인터를 써도 괜찮을까요?

가리키기만 하면 되는 쉬운 놀이, 하지만…

레이저 포인터는 고양이가 빛을 따라다니고 덮치도록 유도하는 용도로 오랫동안 인기를 누려왔다. 자연 상태에서 고양이의 사냥 시간인 해 질 녘에 놀이를 벌인다면 특히 효과적이다. 하지만 몇 가지 우려가 제기되었다. 첫째는 안전 문제다. 레이저를 고양이의 눈에 직접 겨누거나 쬐면 시신경이 화상을 입어 시력이 손상될 수 있다. 그러니 레이저 포인터는 조심해서 사용해야 한다. 레이저가 고양이를 겨누는 게 아니라 고양이를 피해 달아나게 해야 한다. 전력 출력이 낮은 레이저 포인터—'5mW'라고 표시된 것—를 골라야 하고, 놀이가 아무리 격렬해져도 레이저가 어디를 가리키는지 항시 신경을 써야 한다.

잡게 해주세요

또 하나, 레이저 포인터 놀이가 고양이의 심리에 악영향을 끼칠 수 있다는 우려도 제기됐다. 쉴 새 없이 요동치는 빛에 속아넘어간 고양이는 꽤 자주 정확히 덮치고도 계속 아무것도 잡지 못하게 된다. 고양이의 입장에서는 상황을 전혀 이해할 수도 없고 '살육'의 기쁨도 느끼지 못하니 좌절할 수밖에 없다. 이때 고양이의 이빨과 발톱이 향한 곳이 가장 가까이에서 움직이는 대상인 여러분의 손이 된다면 서로 괴로워질 것이다. 고양이가 레이저 때문에 당혹스러워하는 기색이라면 놀이를 할 때마다 일정한 보상을 제공해야 한다(옆면 참조). 레이저를 실망스러운 것으로 결론지을지 아닐지는 고양이 나름일 것이다. 어떤 고양이들은 열정적으로 놀이에 몰두할 것이고, 또 어떤 고양이들은 진력이 나서 흥미를 잃을 것이다. 사람도 고양이도 계속 재미있게 놀려면, 한 번에 10분 정도로 놀이 시간을 제한해야 한다.

이상적인 레이저 포인터 놀이 방법

- **날이 저물기 시작할 때 놀이를 하세요.** 그때가 자연 상태에서 고양이가 기상해서 사냥에 나서는 시각이에요.
- **도망치는 먹잇감처럼 레이저를 움직이세요.** 새가 잠시 파닥거리다가 땅에 내려앉아 잠자코 휴식을 취하는 것처럼 레이저를 움직여보세요. 아니면 쥐를 흉내 내서 바닥에 붙어 종종거리며 움직이다가 서기를 반복하고, 가끔씩 불쑥 방향을 바꿔가면서 움직이세요.
- **레이저로 어디를 가리키고 있는지 항시 주의하세요.** 놀이에 박차를 가할 때도 레이저가 고양이의 눈을 가리키지 않도록 조심해주세요.
- **놀이를 끝내고 싶을 때에 대비해서, 건드리면 움직이는 작은 장난감을 준비해두세요.** 장난감을 바닥에 두고 그것에 레이저를 쏘세요. 고양이가 잡으려고 덮치면 장난감은 꿈틀거리기 시작할 거고, 이때 레이저를 끄면 여러분의 고양이는 파닥거리는 사냥감을 움켜쥐고 흡족해할 거예요.

그럼 뭐가 좋은데요?

조심해서 사용하면 레이저 포인터로 노는 것은 고양이에게 훌륭한 운동이 됩니다. 단, 반드시 고양이에게 승리를 안겨주며 놀이를 끝내세요.

고양이의 사생활

사생활 문제에 있어서만큼은 고양이들에게 선택권을 줘야 해요. 여러분이 안전한 공간을 얼마나 여러 곳을 제공하든 고양이들은 제 입맛에 맞는 공간을 직접 고를 확률이 높아요.

명당 찾기

고양이는 수천 년에 걸쳐 사냥꾼으로 발달해온 것과 마찬가지로, 더 큰 동물들의 먹잇감으로 진화해왔다. 고양이들이 더는 그런 환경에서 생활하지 않을지라도, 안전한 곳에 머물며 몸을 숨기고 싶어 하는 욕구는 고양이의 본성에 깊숙이 새겨져 있다. 가장 이상적인 은신처에는 몇 가지 일정한 특징이 있다.

1. 고양이 몸집에 딱 맞는 곳이어야 한다. 널찍한 공간은 고양이에게 안도감을 주지 못한다. 고양이가 작은 신발 상자나 쇼핑백에 들어가 있는 모습을 본 적 있는 반려인들이라면 고양이가 터무니없이 좁은 공간에 비집고 들어갈 수 있다는 걸 다들 알 것이다.

2. 아주 높거나 아니면 바닥에 아주 가까운 곳일 가능성이 높다. 장식장과 침대 밑의 빈 공간만큼이나 옷장이나 책장 위도 인기 있는 장소인데, 이곳들은 대개 관찰 장소로 쓰인다. 휴식을 위한 은신처는 옷장의 깨끗한 스웨터 서랍같이 더 아늑한 곳일 가능성이 높다.

내버려두자

절대로 고양이들을 자신들이 고른 장소에서 쫓아내서는 안 된다. 정말로 불편하다면 (서랍을 마냥 열어놓고 생활할 수는 없을 테니까), 고양이들이 그곳에서 나오기를 기다렸다가 접근하지 못하게 조치한다. 만약 옷장 선반처럼 고양이 털이 묻는 것이 문제가 되는 장소를 좋아한다면, 고양이의 침구 역할을 하는 담요나 양탄자로 그곳을 덮어두자. 고양이들은 자신의 체취 덕분에 더욱 편안히 느낄 거고, 여러분의 물건도 지킬 수 있을 것이다. 고양이가 좋아하는 장소가 불편해 보일 때도 마찬가지다. 고양이가 가장 좋아하는 침대 밑 은신처에 러그나 온열 방석을 둬서 더욱 아늑하게 만들어주자.

여러분의 고양이가 자기만의 공간을 점찍었다면 아끼는 ▶
담요나 덮개를 깔아 더욱 편안하게 만들어주세요.

크게 보면 신뢰의 문제

혼자 있는 공간이 왜 중요할까? 연구 결과에 따르면 많은 고양이들이 사람들이 생각하는 것보다 겁이 많은 것으로 밝혀졌기 때문이다. 그러니 여러분이 고양이에게 해줄 수 있는 최선은 고양이들이 여러분을 신뢰할 수 있도록 해주는 것이다. 무조건 고양이가 원하는 대로 해줘야 한다는 게 아니라, 가능한 한 고양이들의 자연스러운 행동을 존중하고 만끽할 수 있게 해주는 것이 중요하다는 것이다.

녹지 조성

고양이들은 실내든 실외든 풀과 나무를 좋아해요. 집 안의 대형 식물을 은신처로 활용하고, 가지고 놀고, 간식으로 맛볼 거고, 그 과정에서 신선한 감각적인 자극을 얻을 거예요. 하지만 수많은 실내용 화초들이 고양이에게 해로우니 신중히 선택하세요.

살아 있는 식물들

만약 여러분이 화초를 아주 좋아한다면 희소식이 있다. 여러분의 고양이도 마찬가지라는 사실. 식물과 고양이가 함께 안전히 살려면 몇 가지 기본적인 주의 사항을 유념해야 한다. 첫째, 고양이에게 해로운 식물을 구입하는 것은 아닌지 확인하고 또 확인하자. 어린 식물은 호기심 많은 고양이의 공격에도 살아남을 수 있을 만큼 커지기 전까지는 고양이의 발톱이 닿지 않는 곳에 두는 것이 좋다. 여건이 허락한다면 처음부터 큰 식물을 구입하는 편이 만족스러울 수 있다. 그리고 고양이가 새로 온 식물 친구를 면밀히 조사하기로 결정했을 때 체중을 실어도 쓰러지지 않을 만큼 묵직한 도자기 화분에 식물을 옮겨 심자. 여러 식물을 한 데 모아 두면 정글 분위기를 낼 수 있다. 그 사이를 요리조리 누비고 다닐 수 있을 테니 고양이가 특히 좋아할 것이다.

고양이에게 안전한 실내용 식물로는 바나나, 보스턴 고사리, 아레카 야자, 대추야자, 무심한 가드너의 거칠고 충직한 오랜 친구 자주달개비가 있다. 튼튼한 갈고리로 매단 걸이형 바구니에서 자주달개비를 키우면, 여러분의 고양이는 머지않아 모체에서 풍성하게 늘어지며 자라날 새 줄기와 잎을 할퀴고 톡톡 치며 재미있어할 것이다.

먹어도 되는 식물: 허브와 풀

여러분이 주방 창틀에 허브 화분을 두고 키우고 있다면 눈치챘겠지만, 고양이는 허브를 톡톡 건드리고, 코를 대고 킁킁거리고, 때로는 한두 잎 씹어먹기도 한다. (단, 차이브는 금물이다. 고양이가 먹으면 탈이 날 수 있다. 정 키우겠다면 고양이에게 닿지 않는 곳에서 키워야 한다.)

고양이들은 종종 흥미로운 식물을 시식하곤 ▶ 해요. 그러니까 집에 들이는 식물은 모두 고양이에게 안전한 종류여야 해요.

특별히 고양이만을 위한 화분을 하나 추가해 키워보자. 고양이도 훨씬 열광할 것이다. 다 자란 화분을 구입하거나 반려용품 매장에서 '캣 그라스' 재배 트레이를 구입할 수도 있지만, 직접 심어서 키우기 아주 쉬울 뿐 아니라 더 저렴하다. 게다가 더 싱싱하게 자랄 것이다. 캣닙과 마찬가지로(32-33쪽 참조) 화분에 바로 심어서 싹을 틔우고 재배할 수 있는 귀리, 보리, 밀 씨앗을 작은 묶음으로 살 수 있다. 캣닙 같은 황홀경을 선사하지는 않지만 많은 고양이들은 이런 풀들을 씹고 뜯고 맛보기를 좋아하고, 계속 흥미를 보인다. 여러분의 고양이도 수시로 화분을 찾을지 모른다. 식물이 시들면 화분을 비우고 다른 종류로 바꿔 새로 심자. 여러분의 고양이가 어떤 풀을 가장 좋아하는지 알 수 있을 것이다.

화장실 문제

고양이가 실외에서 긴 시간을 보내고 (점잖게 말해) 밖에서 모두 배출하고 온다면 여러분은 운이 좋은 거랍니다. 운이 덜 좋은 대다수 반려인에게 고양이 화장실은 당면한 삶의 현실이고, 고양이와 인간이 모두 행복하려면 관리가 필요해요.

고양이 입장

고양이에게 가장 중요한 것은 화장실이 충분히 큰가이다. 고양이마다 필요로 하는 화장실의 면적이 다르다. 작은 고양이라면 조금 작은 화장실로도 만족하겠지만 덩치가 큰 고양이를 위해서는 더 큰 화장실이 필요하다. 그래야 편안히 자리를 잡고 볼일을 볼 수 있고, 플라스틱 벽에 부딪히거나 사방에 모래를 흩뿌리지 않고, 땅 긁기 의식을 수행할 수 있다.

모래를 충분히 두껍게 깔아주려면 화장실의 높이도 중요하다. 이상적인 모래의 깊이는 최소 10센티미터 이상이라는 것을 유념하자. 거동이 힘든 나이 든 고양이라면, 드나들기 쉽게 상자의 한쪽 면이 조금 낮은 화장실이 필요할 수 있다. 또 2층 이상인 집이라면, 층마다 화장실을 둬야 불의의 사고를 막을 수 있다.

그럼, 모래는 어떤 것이 좋을까? 고양이 입장에서는 자갈보다는 모래에 가까운 종류, 그중에서도 입자가 거친 것보다는 고운 모래를 선호한다. 그리고 인공적인 향을 더하지 않은 제품들을 조금 더 좋아하는 편이다.

고양이가 만족스럽게 사용할 수 있으려면, 화장실을 빈틈없이 깨끗한 상태로 유지하고, 조용히 혼자 있을 수 있는 장소에 두는 것이 가장 중요하다. 만약 고양이를 여럿 키운다면 화장실도 여러 개 필요할 수 있다. 대다수의 고양이가 화장실을 다른 고양이와 나눠 쓰기를 꺼리기 때문이다.

단순한 게 최고예요. 모래를 충분히 ▶
채운 단순한 형태의 널찍한 상자를
좋아할 가능성이 가장 높아요.

반려인 입장

퍼내고 청소해야 하는 반려인 입장에서는 단단하게 잘 뭉쳐지는 종류가 마음에 들 것이다. 퍼내기도 쉽고, 화장실 바닥 쪽에 축축한 모래층이 생기지도 않아, 화장실 바닥에 뭘 깔 필요도 없을 테니까 말이다. 화장실 청소는 얼마나 자주 해야 할까? 최소 하루에 한 번은 해야 하고, 4-5일에 한 번은 모래를 통째로 갈아야 한다. 고양이들은 지저분한 화장실을 싫어하고, 어떤 고양이들은 아예 사용하지 않는 쪽을 택한다. 그러니까 모두를 위해 청결을 유지하자.

뚜껑이 있는 화장실은 어떨까? 고양이가 뚜껑이 있는 화장실을 더 좋아한다는 증거는 없다. 화장실을 조용하고 은밀한 구석 자리에 둔다면 뚜껑은 필요없다. 게다가 '지붕'이 있으면 모래가 빨리 마르지 않아 오히려 모래에 냄새가 밸 수 있다. 고양이가 사용하기에 그리 쾌적하지는 않을 것이다.

그럼
뭐가 좋은데요?

화장실을 청결히 유지하고 조용한 장소에 둔다면, 여러분의 고양이는 틀림없이 기분 좋게 화장실을 사용할 거예요.

고양이의 구강 관리

만약 여러분의 고양이가 이미 어른이 돼서 여러분에게 왔다면, 고양이의 이빨을 깨끗이 관리하기 위해 뭔가를 할 수 있다는 생각 자체가 놀라울 수 있어요. 하지만 고양이들—노묘뿐 아니라—에게 가장 흔한 건강 문제 가운데 하나가 잇몸과 치아 감염이에요.

규칙적인 양치질

여러분은 하루에 몇 번씩 규칙적으로 양치질을 하겠지만, 고양이의 이를 규칙적으로 닦는 것이 아직 보편적인 습관은 아니다. 하지만 고양이 열 마리 중 아홉 마리가 구강 질환을 앓는 것으로 추정된다. 고통스러운 것은 말할 것도 없고 병원비로 큰 지출을 해야 할 수도 있다. 게다가 이나 잇몸이 아픈 고양이는 곁에 오면 입냄새도 고약하다. 여러분의 고양이가 아직 아기 고양이라면 처음부터 양치질을 당연한 규칙으로 만들 수 있다. 그러면 어른이 될 즈음에는 습관이 들어 양치질이 그리 힘들지 않을 것이다. 어른 고양이가 양치질에 익숙해지기까지는 시간과 인내가 필요하다.

- 고양이를 위한 칫솔을 구입하자. 하지만 칫솔을 쓰는 것 자체에 익숙지 않다면 손가락 칫솔(골무 모양으로, 부드러운 고무나 실리콘 소재의 돌기들이 솟아 있다)을 사용하는 게 좀 더 편할 수 있다. 면봉을 추천하는 것도 봤을 테지만, 면봉은 절대 사용해서는 안 된다. 고양이가 겁에 질려서 면봉을 깨물고 잘린 부분을 삼킬 수 있기 때문이다.
- 고양이 치약을 사용하자. 절대로 사람 치약을 사용하면 안 된다. 사람들이 쓰는 치약에는 자일리톨이 들어 있을 수 있는데, 고양이에게는 독이다.
- 1-2주 뒤에는 실제 양치질에 도달하도록 점진적으로 시도하자. 모든 과정은 느리고 조심스러워야 하니, 처음에는 치약 뚜껑을 열어 냄새를 맡게 하는 것으로 충분하다. 그런 다음 손가락에 소량을 덜어 코를 대고 킁킁거릴 수 있게 해준다. 그렇게 냄새 맡기를 두세 번 한 뒤에, 고양이가 긴장을 풀고 있을 때를 틈타 윗입술을 들어 이빨에 치약을 조금 묻힌다. 이런 준비 과정을 충분히 거친 뒤, 이빨에 치약을 문질러 발라주자. 감염이 생기기 쉬운 이와 잇몸 사이에 특별히 주의를 기울여야 한다. 이 단계에 다다르면 그 방식을 한동안 고수한 뒤에 양치질에 도전한다. 매일 1분 정도면 충분하다.

보조제

시중에 무척이나 다양하게 나와 있는 고양이의 치아를 위한 보조제 가운데는 치석을 유발하는 박테리아를 없애는 데 아주 효과적인 제품도 있다. 대부분은 해조류에서 발견된 효소를 주성분으로 한다(해조류 예찬론자들은 해조류가 고양이의 장 건강에도 좋다고 주장한다). 그 밖의 다른 질환에 좋은 성분까지 함유한 복합 보조제가 있는가 하면, 오직 치석 예방 효과만 있는 제품도 있다. 대부분은 고양이의 밥에 직접 섞어 먹일 수 있도록 분말 형태로 나온다. 어떤 영양제든 먹이기 전에 수의사와 상의하자. 모든 고양이에게 무조건 이로운 영양제는 극히 드물다.

그럼
뭐가 좋은데요?

여러분이 고양이의 양치질에 노력을 기울이고 식사에 치석방지용 보조제를 섞어주면, 고양이가 나이 들면서 잇몸 감염이나 구강질환을 앓을 확률이 줄어들어요.

가능하면 어릴 때부터 양치 습관을 들이세요. 그러면 어른이 돼서도 양치질이 어렵지 않을 거예요.

말썽 없이 병원 가는 법

동물병원에 가기를 좋아하는 고양이는 거의 없어요. 어떤 고양이들은 하도 질색을 해서 반려인들마저 아예 내원 자체를 피하려고 합니다. 하지만 응급한 건강상의 문제가 없더라도 정기적인 건강 검진은 중요해요. 그렇다면 어떻게 병원 나들이의 괴로움을 줄일 수 있을까요?

사전 준비

동물병원에 데려가려면 우선 이동장이 필요하다. 만약 이동장이 고양이의 생활에서 친숙한 일부가 돼 있다면 공포와 의심을 품고 바라보는 것도 덜해질 수 있다. 이동장을 열어서 조용한 구석 자리에 두고 안에 포근한 것을 깔아주자. 그곳이 매력적이라면 고양이는 들어가서 쉬기 시작할 것이다. 일단 이동장을 안전한 공간으로 여기게 되면, 나들이도 덜 공포스러워질 것이다.

신중히 준비한다면, 여러분도 고양이도 병원에 오가는 스트레스를 조금은 줄일 수 있어요.

실전 준비 5단계

1. **절반이 열리는 이동장을 구입한다.** 그러면 이동장의 윗부분 절반만 열어 올린 채로, 수의사가 고양이에게 기초적인 검진을 할 수 있다. 고양이를 억지로 꺼내 탁자에 내려놓는 수고를 덜 수 있다.
2. **알맞은 크기의 이동장을 고른다.** 너무 크면 이동 중에 고양이가 안에서 미끄러질 수 있고, 너무 작으면 갇혔다고 느껴서 더 겁을 집어먹을 수 있다. 고양이의 몸집과 비슷하지만 너무 비좁지 않은 크기여야 한다.
3. **수건이나 담요를 깔아주자.** 쉴 때 애용하던 것으로. 익숙한 냄새 덕분에 마음이 놓일 것이다.
4. **여분의 수건이나 담요도 가져가자.** 외출 중에 오줌을 누거나 실수할 경우에 대비해야 한다. 다시 말해, 귀갓길에 고양이에게 깨끗한 이동장을 제공할 수 있어야 한다.
5. **가능하면, 곧장 진료를 볼 수 있게 예약을 잡고 가자.** 만약 대기실에서 시간을 보내야 한다면, 이동장이 여러분을 마주 보게끔 의자에 올려놓는다. 대기 중인 다른 동물들과는 거리를 둔다.

고양이 vs 개

통계적으로 개들이 고양이들보다 동물병원을 자주 찾는답니다. 이는 아마도 고양이가 손이 덜 가는 반려동물이라는 통념 때문일 거예요. 고양이의 얼굴 표정에서 고통의 기미를 찾는 것이 더 어려워서일 수도 있겠고요. 어떤 식으로든 행동에 큰 변화가 생기면 반드시 동물병원을 찾아야 해요.

그럼 뭐가 좋은데요?

내원 중에 고양이를 침착한 상태로 있게 하려면 반드시 반려인의 사전 준비가 필요해요. 불가피한 일에서 오는 스트레스를 얼마간 덜 수 있으니 노력을 들일 만하답니다.

먹기

여러 종류를 두루 즐겨 먹는 인간에 비해, 고양이들은 전문가처럼 특정한 종류만 공략해서 먹어요.

고양이에게는 고기 위주의 간단한 식단과 아주 특수한 영양소들이 필요하거든요. 그러니까 고양이가 음식에 까다롭다는 세간의 평가는 고양이가 유독 미식가여서라기보다는 본능적으로 자기 몸에 필요한 게 무엇인지 잘 아는 데서 비롯한 걸 거예요.

반려묘를 위해 매번 직접 요리해 먹이는 수고를 하고 싶어 하는 사람은 그리 많지 않아요. 하지만 여러분의 반려동물이 영양학적으로 무엇을 왜 필요로 하는지 정도는 숙지할 필요가 있답니다. 여러분의 경제 형편에 맞는 가장 좋은 사료 제품을 고를 때도, 고양이의 단조로운 식단에 이따금 생기를 불어넣어줄 가정식이나 수제 간식을 만들 때도 도움이 될 거예요.

식사 환경

고양이에게 먹이는 음식을 들여다보기 전에, 고양이에게 밥을 주는 장소를 살펴봐야 해요. 고양이들은 스스로가 안전하다고 느껴야 편안히 먹을 수 있고, 대부분의 고양이는 식사 중에 주위에서 무슨 일이 벌어지는지 계속 촉각을 곤두세우고 있어요. 고양이가 마음을 놓을 수 있는 환경을 마련해줘야 평온한 식사 시간을 보낼 수 있을 거예요.

냄새가 좋아야 맛도 좋다

고양이는 냄새와 소리에 극도로 민감하기 때문에 밥을 주는 장소가 중요하다. 다용도실이나 주방에서 가장 구석진 자리가 좋다. 식기세척기와 세탁기의 모드가 바뀌며 갑작스럽게 나는 소음만 주의해준다면 말이다. 우리는 의식하지 못할지 모르지만 고양이들은 갑작스러운 소리에 스트레스를 잘 받는다. 더 안 좋은 것은, 식사 장소를 '고양이 물건'만 따로 모아둔 곳, 그것도 고양이 화장실 근처로 정하는 것이다. 이런 곳은 절대로 피해야 한다. 자연에서 고양이는 멀리 가서 볼일을 보고 오는데, 실내에 화장실과 식사 장소가 붙어 있다면 몹시 불쾌할 것이다. 또 명심할 것은 고양이에게 최고의 식사 장소는 누군가 혹은 뭔가가 다가오는지 훤히 잘 보이는 자리라는 점이다. 현재의 밥 자리가 최적의 장소가 아닌 것 같다면, 집 안에 반려묘가 더 마음 편히 식사할 수 있는 조용한 구석 자리가 없나 찾아보자.

어떤 그릇이 좋을까?

고양이의 수염을 품을 수 있을 만큼 넓고 바닥에 굴러다니지 않을 만큼 묵직한 그릇이 좋다. 바닥이 넓고 얕은 사기나 금속 그릇을 찾아보자. 반려동물용 금속 그릇은 쓰러지지 않도록 바닥에 고무 테두리가 붙어 있는 경우가 많다. 플라스틱 그릇은 너무 가벼워서 곤란하다. 먹는 도중에 그릇이 이리저리 기울면 먹기에 불안정하고 고양이가 당황스러워하기 쉽다. 아무리 건식 사료라고 해도 식사와 식사 사이에 그릇을 물로 닦아주자. 주방세제는 확실하게 헹궈야 한다. 고양이는 코가 밝아서 냄새가 남아 있으면 금세 알아채고는 질색할 테니까 말이다.

물 마시기의 중요성

고양이는 어디서 물을 마실지(말지)에 대해 자기 주장이 아주 확실하다. 온라인에 그토록 다양한 고양이 음수용 분수가 판매 중인 것도 그래서이다. 자발적인 고양이들은 물이 똑똑 떨어지는 수도꼭지에서 직접 받아 마신다. 여러분의 고양이가 이 방식을 좋아한다면 여러분이 나타나 물을 틀어줄 때까지 싱크대에 들어가 앉아 야옹야옹 울 것이다. 고양이들의 이런 행동은 잔잔한 물보다는 흐르는 물을 마시고 싶어 하는 본능적인 욕구에서 비롯한다(48-9쪽 참조). 물그릇에서 얌전히 물을 마시는 대신 앞발로 사방에 물을 흩뿌리는 것도 마찬가지 이치다. 지치는 일이겠지만, 물바다가 되는 것을 막으려면 흡수력이 좋은 매트를 깔고 그 위에 물그릇을 두는 게 좋다. 만약 여러분의 고양이가 물을 마시는 것보다 물장구를 좋아하는 것 같다면, 그때는 고양이 음수용 분수대를 사용하는 편이 적합할지도 모른다.

어떻게 먹어야 잘 먹는 걸까

고양이들에게는 고기가 필요해요. 아무리 여러분이 채식주의자라고 해도 여러분의 고양이가 여러분처럼 먹는다면 결코 건강해질 수 없어요. 야생에서 고양이들은 대체로 사냥감을 잡는 즉시 먹고, 영양을 보충하기 위해 추가로 다른 것을 먹지는 않아요. 이 말은 곧 고양이에게는 여러 재료가 혼합된 식사는 적합하지 않다는 뜻이에요.

연료는 고기

동물은 종마다 이상적인 먹이가 다르다. 몸이 그 먹이를 소화할 수 있도록 진화했고, 그래서 그 먹이를 먹어야 잘 자랄 수 있다. 우리의 고양이도 예외가 아니다. 고양이는 완전한 육식 동물이다. 즉 고기가 연료라는 뜻이다. 고양이는 고기를 선호해서 먹는 게 아니라 꼭 필요해서 먹는다(개가 닭고기, 야채, 쌀로 만든 균형 잡힌 식사보다 맛이 좋은 스테이크를 더 좋아하는 것과는 차원이 다르다). 왜냐하면 고양이에게 꼭 필요한 성분이 고양이가 흡수할 수 있는 형태로 든 음식이 고기뿐이기 때문이다. 다른 음식에서는 거의 얻을 수 없다.

그런 영양소로는 첫째, 지방산이 있다. 고양이의 몸이 스스로 만들어내지 못하는 11가지 종류의 지방산이 있다. 그중에서도 가장 중요한 두 가지가 타우린과 아르기닌이다. 타우린이 부족하면 심장이나 눈에 병이 생길 수 있고, 아르기닌이 부족하면 암모니아 중독이 올 수 있다. 그다음으로는, 비타민이 있다. 인간과 달리, 고양이는 스스로 비타민A를 합성할 수 없고, 건강을 유지하기에 충분한 비타민D도 합성할 수 없다. 지방산도 비타민도 고기에 고양이가 흡수할 수 있고 사용할 수 있는 형태로 들어 있다.

복잡한 문제

좋은 고양이 사료는 대개 육류나 어류로 만들어진다(83쪽 참조). 대량생산되는 사료는 대부분 가열해서 조리되고, 그 과정에서 손실되는 영양분은 조리 후에 첨가된다(이를테면 시중의 사료 제품은 조리 후 타우린이 추가로 들어간다). 상품화된 사료에는 불가피하게 고양이가 자연 상태에서는 섭취하지 않았을 성분이 들어간다. 야생의 고양이라면 몸집이 작은 포유류나 새를 먹겠지만, 시중에 판매되는 고양이 '요리'에는 주로 소, 닭, 양, 어류가 들어가는 식이다. 하지만 중요한 것은 그것들의 공통된 성분이 동물성 단백질이고 그것이 고양이의 건강을 지키는 핵심 요소라는 점이다.

고양이의 식단은 동물성 지방—식물성 지방은 효과가 없다—도 풍부해야 한다. 동물성 지방에 든 지방산이 필요할 뿐만 아니라, 지용성 비타민을 흡수하는 데도 도움이 되기 때문이다. 그게 바로 개들이 자주 제 밥그릇의 사료보다 고양이 사료에 흥미를 보이는 이유다. 몸에 실제로 필요하지 않을 때조차도 지방이 든 음식은 입맛을 자극하는 경향이 있다.

제대로 먹이면 야생동물에게 도움이 될까요?

2021년 엑세터대학이 실시하고 발표한 연구에 따르면, 표본이 된 반려묘들은 육류 함량이 특별히 높은 식사(그리고 날마다 반려인과의 일정한 놀이 시간)를 제공받았을 경우 집 밖에서 야생동물을 덜 사냥하는 것으로 나타났어요.

◀ **너무 쪄서도 말라서도 안 돼요. 만약 확신이 서지 않는다면 여러분의 고양이가 어느 쪽인지 수의사에게 물어보세요.**

알맞은 사료 고르기

그럼, 어떤 사료를 구입하는 게 좋을까요? 대량생산되는 제품의 종류는 아주 다양하지만 크게는 건식 사료, 반습식 사료, 습식 사료라는 세 가지 선택지로 갈려요. 어느 것이 당신의 고양이에게 잘 맞을지는 사료의 질과, 여러분의 고양이가 한 번에 먹어치우는 것과 조금씩 자주 먹는 것 가운데 어느 쪽을 더 좋아하는지에 달렸어요.

그럼 뭐가 좋은데요?

사료의 성분표를 읽는 법을 익히면, 여러분의 형편에서 구입할 수 있는 최상의 사료를 자신있게 고를 수 있어요.

어떻게 달라요?

건식 사료는 작은 알갱이나, 더 구미가 당기게는 '비스킷' 형태로 나온다. 한 번에 먹어치우기보다는 조금씩 여러 번에 걸쳐 먹는 고양이들에게 알맞다. 단점은 다른 사료에 비해 곡물(고양이에게 영양상의 이점이 없는 군더더기)이 많이 들어가고 건식 사료를 먹는 고양이들은 음식에 물기가 없는 만큼 물을 더 많이 마셔야 한다는 것이다. 그래서 물에 까탈을 부리는 고양이들에게는 적합하지 않다. 게다가 밥을 한 번에 먹는 고양이들보다 여러 번에 나눠 먹는 고양이들이 과체중이 될 확률이 훨씬 더 높은 것으로 밝혀졌다. 반습식 사료는 건식 사료와 성분이 유사하지만 수분 함량이 조금 더 높다. 습식 사료는 말 그대로 촉촉한 사료다. 가열해서 조리한 음식으로, 육류 함량이 높고 곡물은 아예 안 들어가거나 적게 들어가고, 젤리·육수·덩어리·저민 고기·파테(곱게 간 고기를 익힌 후 식힌 것) 등 다양한 식감으로 나온다. 습식 사료는 다른 종류보다 냄새가 훨씬 더 강하고, 선택권이 주어진다면 대다수의 고양이가 가장 선호하는 종류다.

성분표 읽기

어떤 종류의 사료를 구입하든, 겉포장에는 영양소가 근사하게 나열돼 있거나, 야채와 더불어 고기나 생선이 세심하게 담긴 먹음직스러운 밥그릇이 그려져 있을 것이다. 그 사료에는 '농부의 선택' 같은 아주 건강한 인상을 주는 이름이 붙어 있을 테고, '100퍼센트 천연 재료', '장 건강 증진' 같은 다양한 주장들이 나란히 적혀 있을 게 분명하다. 아무리 그럴싸해 보여도 포장의 앞면에서는 우리가 원하는 정보를 전혀 찾을 수 없다. 봉투를 뒤집어, 앞면이 아닌 뒷면에 실린 성분표를 확인하자.

사료의 성분은 함량순으로 표기하도록 돼 있다. 표의 위쪽에 있을수록 함량이 높다. 고양이 사료에서 여러분은 맨 윗줄에서 닭이나 연어 같은 육류와 어류의 이름을 볼 수 있을 것이고, 전부라고 해봤자 몇 안 되는 성분이 그 아래로 적혀 있을 것이다. 음식이라고 볼 수 없는 항목들이 목록에 아주 많다면 최상의 품질과는 거리가 먼 제품을 보고 있는 셈이다. 성분표에 '합제', '혼합', '믹스'가 있는 제품은 피하자. '육류와 육류 분말 90%, 닭고기 최소 40%'라고 적혀 있다면, 40퍼센트만이 확실히 닭고기이고 나머지 50퍼센트는 성분을 확인할 수 없는 고기라는 뜻이다. 이런 사료는 성분을 정확히 추적할 수 없기 때문에 알레르기가

◀ **고양이의 건강을 위해서는 다량의 단백질—'제대로 된' 육류와 어류—을 섭취할 수 있는 식단이 필수예요.**

있는 고양이들에게 좋지 않을뿐더러, 품질이 좋은 사료일 리 없다. 그렇지 않아도 반려동물 사료에 최고 품질의 고기가 들어가는 경우는 드물다. 포장에 아무리 먹음직스러운 살코기와 통닭 그림이 그려져 있어도 동물 사료 산업은 인간이 먹을 것을 제하고 남은 고기를 사용한다. 그럼에도 불구하고, 어떤 사료가 고양이를 위한 '완전식'('complete' cat food)이라는 이름으로 판매된다면, 그 말은 사실이다. 실제로 고양이에게 필요한 모든 영양분이 충분히 들어 있기 때문이다. 우리가 재료를 조합해 직접 식단을 짤 경우에는 그렇게 만들기 쉽지 않다.

결론은, 성분표가 가장 짧은 제품을 고르자. 고기가 가장 위에 있고, '미확인(unknown)' 재료의 목록이 길지 않은 것이 좋다. 모든 고양이 사료에는 필수적인 효소나 비타민을 첨가하기 때문에, 어떤 재료든 조리법이든 '완전식'이라고 표기된 사료에는 여러분의 고양이에게 필요한 모든 것이 들어 있다. 일단 '완전식' 표기를 확인했다면, 그중에서 여러분의 고양이가 좋아하는 맛으로 고르면 된다. 어떤 맛이든 영양분은 충분할 것이다.

생식과 조리

물론 다른 선택지도 있다. 생식을 먹이는 것. 생식에 대해서는 사람들마다 견해가 갈린다. 어떤 이들은 날것인 음식에는 고양이에게 위험한 박테리아가 생기기 쉽다고 걱정하고, 다른 이들은 야생 상태에서 생쥐나 들쥐, 때로는 새나 박쥐를 산 채로 잡아먹고 사는 고양이에게 생식이야말로 가장 자연스러운 식사라는 입장을 고수한다. 만약 여러분이 생식을 시도해보고 싶지만 자신이 없다면, 우선 수의사와 상담해본 다음, 생식의 성분(대개는 육류이고 곱게 간 뼈와 야채가 약간씩 들어간다)을 아주 명확히 밝히고 있는 고급 생식 공급업체를 알아보자. 얼마를 주문하든 냉동실에 보관할 수 있게 비닐봉지나 플라스틱 용기에 개별 포장이 돼서 도착할 것이다. 필요한 양만큼 꺼내 녹이기만 하면 바로 먹일 수 있도록 말이다. 생식을 직접 만들어 먹이려면 공부를 훨씬 더 많이 해야 해서(또 많이 썰고 다져야 해서) 가장 헌신적인 고양이 집사들에게 적합하다. 본격적인 헌신에 앞서 시험 삼아 몇 번 먹여보는 게 좋다. 어떤 고양이들은 생식을 아주 좋아하지만, 다른 고양이들은 익힌 식사만 고집하기 때문이다.

생선 맛

고양이들은 야생에서는 낚시를 하지 않고 들고양이들의 식단에 어류는 포함되지 않는데, 그렇다면 왜 그토록 많은 고양이용 식품에 어류가 함유돼 있을까? 한편으로는 여러 다른 육류와 마찬가지로 어류도 고양이에게 필요한 수많은 성분을 함유한 동물성 단백질의 공급원이기 때문이고, 다른 한편으로는 고양이들이 거의 보편적으로 생선 맛을 아주 좋아하기 때문이다.

만약 여러분이 신선한 생선을 가정식으로 먹이고 싶다면, (날생선에는 고양이의 건강에 꼭 필요한 성분인 티아민을 파괴하는 효소가 들어 있으므로) 반드시 익혀서 먹여야 하고, 뼈와 잔가시를 완전히 발라서 줘야 한다. 고양이도 가시가 목구멍에 걸리면 인간과 마찬가지로 질식할 위험이 있다.

만약 여러분 고양이의 입맛이 변덕스럽다면, 고양이들이 일반적으로 좋아하는 종류 서너 가지로 식단을 확립하도록 노력하세요. 그러면 돌아가면서 먹일 수 있어요.

간식과 특식

고양이들은 다들 특식을 좋아하지요. 하지만 달라고 할 때마다 줬다가는 시도 때도 없이 조르며 성가시게 할 거예요. 특식은 이따금 즐기는 작은 사치로 그쳐야 해요. 그리고 주기 전에 성분표부터 살펴봐야 해요. 성분이 명확히 표시돼 있는지, 성분이 불분명한 재료가 너무 많지는 않은지 확인하세요.

간편한 간식

고양이에게 주는 간식이 꼭 시중에 파는 제품일 필요는 없다. 하지만 고양이의 주식을 아무리 까다롭게 관리해도 간식에 주의하는 것을 잊어버리면 아무 소용이 없다. '식탁 위의 음식은 주지 않는다'는 원칙은 개뿐만 아니라 고양이에게도 엄격히 적용할 필요가 있다. 식탁에 치킨을 놓자마자 고양이가 쉴 새 없이 야옹거리며 당당히 제 몫을 요구하는 상황을 원치 않는다면, 식탁 위의 음식을 자기도 먹을 수 있다는 생각을 심어주지 말아야 한다. 그 대신 미리 계획을 세워서, 고양이에게 줄 것을 요리 중에 조금 따로 떼놓자. 양념하지 않은, 익힌 닭고기나 생선 조각이면 알맞을 거고, 냉장고에 하루이틀 보관할 수 있다. 야채도 잊지 말자. 많은 고양이들이 야채를 곁들여 먹기를 좋아한다. 당근 끄트머리라든가, 강낭콩 한 알, 양배추 잎 한 장이면 충분하다. 고양이는 그걸 밀쳤다 덮쳤다 하며 갖고 놀다가 야금야금 씹기도 하며 '장난감 겸 간식'으로 만끽할 것이다.

참치 사랑

고양이들이 가장 좋아하는 생선을 꼽으라면 단연 참치지요. 참치는 고양이의 비타민E 섭취를 도와줄 수 있지만, 사람이 먹는 참치를 그냥 줘서는 안 돼요. 영양소를 골고루 함유한 고양이 사료의 성분으로나 집에서 특별히 준비한 수제 간식(87쪽 참조)으로만 급여해야 해요.

양은 적지만 귀한 것이라고 여겨야 특식이 제 구실을 할 수 있어요. 일반적인 건식 사료로는 그다지 동기 부여가 되지 않아요. ▶

무더위를 이기는 시원한 간식

무더운 날 고양이용 얼음과자를 주면 대부분의 고양이가 아주 좋아한다. 소금 간을 하지 않은 육수를 얼음판에 얼려서 만들 수 있다. 작게 저민 고기도 몇 쪽 넣어서 냉동실에 얼려 뒀다가, 찌는 듯이 더운 날에 한두 개씩 꺼내주면, 더위를 식히는 데 도움이 된다.

적정량만 주기

아무리 몸에 좋은 간식도, 일일 식사량의 10퍼센트를 넘겨서는 안 된다. 그러니까 간식은 이따금 조금 먹을 수 있는 특별한 것으로 각인시켜야 한다. 집에서 만든 간식의 장점은 작게 잘라서 주기 편하다는 것이다(한 번에 주기에 알맞은 크기는 예상보다 작다. 완두콩 한 알 크기면 충분하다. 적은 양을 여러 번 주는 것이 고양이의 환심을 사기에도 좋다).

나만의 수제 간식 만들기

고양이에게 줄 간식에 어떤 성분이 들었는지 걱정스럽다면, 여러분이 직접 간식을 만드는 것도 좋은 방법이에요. 고양이에게 영양학적으로 완전하고 균형 잡힌 식단을 집에서 요리해 먹이는 것은 무리일지 몰라도, 간식을 몇 가지 만드는 것은 시간도 얼마 걸리지 않고 간단해요.

간과 파슬리 과자

고양이 몸에 좋은 육류의 내장에 약간의 파슬리가 입냄새 개선제(여러분에게도 좋고 고양이도 상관하지 않을 것이다)로 첨가된다. 쌀가루는 대부분의 밀가루보다 고양이가 소화하기에 좋다. 이것들을 섞어서 만들면 꽤 많은 양의 영양 간식이 나온다. 요리를 마친 뒤 여러 조각으로 잘라서, 하루이틀 사이에 먹을 분량을 뺀 나머지는 작은 봉지에 담아 얼리고, 필요할 때 해동해서 먹이면 좋다.

재료

- 닭 간 250그램
- 달걀 1개
- 다진 파슬리 2티스푼
- 멥쌀가루 120그램

오븐을 160-180°C로 예열한다. 작은 구이용 트레이(30*20 센티미터)에 기름을 바른다.

간과 달걀을 함께 넣고 믹서나 핸드 블렌더로 곱게 간 다음, 믹싱 볼에 옮겨 담는다.

다진 파슬리를 믹싱 볼에 넣고 섞은 다음, 멥쌀가루를 체에 쳐서 넣고, 전부 골고루 섞는다.

반죽을 긁어내 오븐용 트레이에 담고, 얇고 고른 층이 되게끔 잘 편다.

약 20분간 굽는다. 15분이 지나고부터는 간식이 타지 않는지 점검해야 한다.

오븐에서 꺼내 트레이째 완전히 식힌 다음, 구워진 반죽을 꺼내 모서리의 길이가 약 1센티미터인 작은 정육각형 모양으로 잘라둔다.

참치 머랭 과자

'머랭'이라는 이름에서 알 수 있듯이 거품 낸 달걀 흰자를 이용해서 만든 간식이다. 탄수화물이 들어가지 않고, 질감이 가볍고 맛이 좋다. 냉장고에 넣어두고 열흘 내에 모두 먹이자. 물론 그렇게까지 오래가지 않겠지만.

재료

- 달걀 1개
- 물에 든 통조림 참치 120그램 (소금물이나 기름에 든 참치는 피할 것)

오븐을 160-180°C로 예열하고, 베이킹용 트레이에 유산지를 깐다.

달걀의 흰자와 노른자를 분리한다.

핸드 블렌더를 이용해 참치에 달걀 노른자의 일부를 조금씩 넣어서 섞는다. 매끈하고 걸죽한 반죽이 되면 멈춘다(달걀 노른자 하나를 다 쓸 필요가 없을지도 모른다).

별도의 깨끗한 볼에 달걀 흰자를 넣고 반복해서 휘젓는다. 거품이 거품기에 뾰족한 봉오리(stiff peak) 모양으로 맺힐 때까지 쳐준다.

달걀 흰자를 금속 숟가락으로 한 숟갈 떠서 참치/노른자 반죽에 넣고 부드럽게 섞어준다. 나머지도 한 숟갈씩 마저 풀어준다.

반죽을 티스푼으로 떠서, 동전만 한 과자 크기로 유산지를 깐 트레이에 쭉 옮긴다. 중간에 상태를 점검하면서, 20분간 구워준다.

완전히 식힌 뒤, 뚜껑이 있는 용기에 담아 냉장고에 보관하면 완성.

먹이 퍼즐

고양이들은 추격전 놀이라면 좋아서 사족을 못 쓰지요. 하지만 먹이 퍼즐(시판 제품이든 손수 만든 것이든)도 못지않게 좋아한답니다. 이따금 여러분이 함께 놀아줄 수 없을 때 간식 놀이가 지루했을 고양이의 하루에 즐거운 기분 전환을 제공할 거예요.

우리 고양이는 얼마나 똑똑할까?

거의 모든 반려용품점에서 고양이를 위한 먹이 퍼즐을 다양하게 판매한다. 고양이가 발로 굴리면 간식이 튀어나오는 단순한 공 형태도 있고, 다양한 뚜껑과 손잡이가 달려 있어 누르거나 당겨야만 열 수 있는 칸들로 이뤄진 복잡한 미로도 있다. 거기에 평소 먹는 양의 식사를 넣을 수도 있고(여러분의 고양이가 밥을 먹기 위해 그 정도 수고도 못 하라는 법은 없으니까), 건식 사료나 습식 사료를 조금 덜어놓을 수 있다. 그리고 영리한 고양이가 먹이를 빼먹는 방법을 알아내는 모습—혹은 살짝 덜 영리한 고양이가 용쓰는 모습—은 지켜보기만 해도 즐겁다.

쉬운 퍼즐부터 시작해, 고양이가 잘해내는지 살펴보라. 어떤 고양이들은 더 어려운 먹이 퍼즐로 넘어갈 테지만, 그렇지 않은 고양이들도 있다. 다양한 포장지 조각을 이용해서 여러분만의 먹이 퍼즐을 고안해보자.

그럼 뭐가 좋은데요?

일부 연구에 따르면 퍼즐에 열광하는 고양이들은 실력을 연마하기를 좋아한다고 해요. 그러니까 여러분의 고양이가 첫 퍼즐에 성공했다면, 오래갈 취미를 찾은 건지도 몰라요.

직접 만드는 먹이 퍼즐

여러분은 간식 한두 개를 안 쓰는 종이 박스나, 구겨서 뭉친 포장지 속에 숨길 수 있어요 (38-9쪽 참조). 먹을 것을 동기로 움직이는(food-motivated) 고양이들은 그것들을 용케 찾아 먹을 거예요. 여러분이 (아주) 조금 더 노력을 들여서 만들어야 하는 몇 가지 다른 즉석 먹이 퍼즐도 있어요. 대개는 풀기가 쉽지만, 식사 전 몇 분간의 재미를 선사할 거예요.

- 다 사용한 두루마리 휴지나 키친 타월의 지관 한쪽 끝을 엄지손가락으로 눌러 접은 다음에 그 안에 고양이 간식을 두세 개 넣고 반대쪽도 접어서 막아주세요. 잘 드는 가위를 이용해 관의 옆구리에 간식 하나가 빠져나올 수 있는 크기의 구멍을 하나 뚫으세요. 그런 다음 흔들어서 달그락거리는 소리를 내 고양이의 주의를 끈 다음, 던져줘서 직접 꺼내 먹게 하세요.
- 작은 간식 6개를 꼬깃꼬깃 뭉친 신문지 조각에 싼 다음, 6구짜리 달걀 상자의 구멍에 하나씩 넣은 뒤 상자의 뚜껑을 닫아서 고양이에게 건네세요.
- 고기나 생선 반죽 간식(인간이 아니라, 고양이를 위해 나오는 스틱형 간식 - 츄르)을 손잡이가 달린 플라스틱 컵의 중간쯤에 짜놓으세요. 식사용 매트나 신문지를 깔고, 간식을 묻힌 컵을 옆으로 뉘여놓고, 고양이가 직접 내용물을 꺼내 먹게 하세요. 손잡이 덕분에, 고양이가 문제를 해결하는 동안, 컵이 너무 멀리 굴러가지는 않을 거예요.

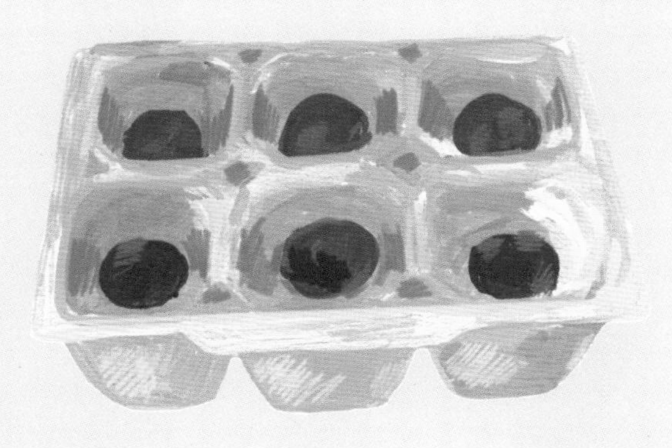

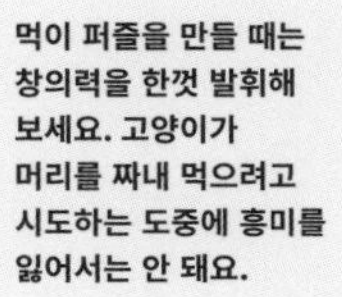

먹이 퍼즐을 만들 때는 창의력을 한껏 발휘해 보세요. 고양이가 머리를 짜내 먹으려고 시도하는 도중에 흥미를 잃어서는 안 돼요.

고양이가 먹지 않는 것

어쩌면 '먹지 않는 것'보다는 '먹어서는 안 되는 것'이라는 표현이 더 어울릴지도 모르겠네요. 고양이들은 기회가 생기면 자신에게 해로운 것을 집어먹고 탈이 나기도 하니까요. 여러분도 어떤 것들은 이미 알고 있을 거예요. 하지만 널리 알려지지 않은 사실들도 있어요.

고양이가 있는 곳에서 아예 치우자

'호기심이 고양이를 죽인다'는 속담이 있다. 어쩌면 그 고양이는 애초에 곁에 둬서는 안 될 뭔가를 섭취해서 죽었는지도 모른다. 여러분의 반려묘가 먹어서는 안 될 것은 다음과 같다.

- **화초**

3장에서 이미 언급한 것처럼 대부분의 고양이는 생활공간에 식물이 있는 것을 좋아하지만, 매해 수많은 고양이가 독성이 있는 식물을 씹어먹고는 중독돼서 죽는다. 집에서 식물을 키우는 것은 얼마든지 좋다. 하지만 식물을 집에 들이기 전에, 고양이에게 해로운 식물은 아닌지 반드시 확인해야 한다('고양이에게 안전한 식물'을 총망라한 목록이 인터넷에 많이 올라와 있다).

- **초콜릿**

대부분의 사람들이 개에게 초콜릿이 좋지 않다는 것은 알지만, 고양이에게도 초콜릿이 독이라는 사실을 아는 사람은 그리 많지 않다. 개와 마찬가지로, 고양이도 초콜릿에 든 테오브로민을 소화하지 못한다. 카카오의 비율이 높은 초콜릿일수록 위험하다.

- **유제품**

그릇에 담긴 우유를 할짝거리는 고양이의 이미지가 익숙할지는 몰라도, 우유·크림·요거트를 비롯한 유제품에는 모두 락타아제가 들어 있고, 고양이는 이것을 소화하지 못한다. 빈 요구르트 용기에 묻은 것을 핥는 정도는 해롭지 않을지 몰라도 그 이상은 곤란하다. '가열'을 통해 락타아제가 거의 다 제거된 치즈는 이따금 간식으로 줘도 괜찮다. 하지만 아주 조금씩만 줘야 한다.

강아지 음식을 먹이지 마세요

가끔이라고 하더라도 시판 강아지 사료를 먹이지 마세요. 캔에 들어 있는 습식 사료는 보기에도, 냄새도 비슷하지만 영양학적으로 매우 다릅니다. 개 사료는 고양이에게 필요한 충분한 영양소를 담고 있지 않아요.

- **포도와 건포도**

포도가 고양이에게 해롭다는 것을 아는 사람은 극히 드물다. 때로는 부작용을 일으키지 않을 수도 있지만, 때로는 포도 한두 알이나 건포도 몇 알이 고양이에게 신부전을 일으키기도 한다. 고양이 주위에 포도를 둬서는 안 된다. 고양이의 건강을 걸고 위험한 도박을 하는 셈이다. 포도는 안전하게 냉장고나 찬장에 보관하자.

- **양파와 마늘**

양파도 마늘도 고양이에게 빈혈을 일으킬 수 있다. 물론 고양이의 평소 식사에 양파나 마늘이 들어갈 일은 없겠지만, 스튜나 파스타처럼 우리가 먹고 남긴 음식에 든 양파나 마늘이 고양이들에게는 독이 될 수 있다.

- **자일리톨**

이 천연 감미료는 고양이에게 아주 위험하다. 시중의 많은 땅콩버터에 자일리톨이 들어가기 때문에, 고양이에게 간식으로 땅콩버터를 주는 것은 피해야 한다. 차라리 닭고기를 조금 떼어 준다.

고양이 다이어트

여러분은 함께 사는 고양이의 체중을 알고 있나요? 안타깝게도, 과체중인 고양이의 수가 늘어나고 있어요(일부 연구에 따르면 전체 고양이의 3분의 1). **하지만 여러분이 책임감을 갖고 단호히 임한다면 꽤 쉽게 해결할 수 있는 문제랍니다.**

이상적인 체중

일반적인 지침에 따르면 고양이의 '평균' 체중은 4.5킬로그램이다. 물론 평균이 모두에게 통하는 건 아니다. 작고 호리호리한 통키니즈는 체중이 그보다 덜 나갈 거고, 상대적으로 건장한 노르웨이숲 고양이는 더 나갈 것이다. 둘 다 저마다 타고난 몸집과 골격에는 건강 체중일 수 있다. 체중계보다 고양이의 몸매를 잘 관찰하는 편(털이 많다면 만져보자)이 더 정확할 수 있다.

고양이를 옆에서 관찰해보자. 갈비뼈 아래로 '허리'라고 할 만한 곳이 보여야 하고, 옆구리를 만져봤을 땐 갈비뼈가 쉽게 만져져야 한다. 만약 여러분의 고양이가 허리도 있고 갈비뼈도 선명히 만져진다면 아마도 적정 체중일 것이다. 그보다 군살이 붙은 상태라면, 몸매를 돌려놓기 위한 조치를 취해도 볼 수 있겠다.

유묘에서 노령묘까지

고양이는 영양상 필요로 하는 것이 꽤 복잡해서 생애주기에 따라서도 바뀐다. 특별히 유묘—대개는 1세 미만—를 위해 생산되는 사료는 열량이 높고, 노령묘를 위한 사료는 대개 열량이 낮다. 하지만 나이가 들며 고양이도 음식과 관련한 질환과 알레르기가 생길 수 있다. 그런데 고양이들은 보통 말썽이 생겨도 밖으로 표출하지 않는다. 만약 고양이가 체중을 줄일 필요가 없는데 혹은 평소처럼 먹고 마시는데 야위는 것 같다면, 또 만약 갑자기 먹고 마시는 데 변화가 생기고 2-3일간 이어진다면, 검사가 필요하다.

체중 관리를 돕는 네 가지 방법

고양이는 체중을 서서히 줄여야 해요. 갑작스러운 체중 감소는 간 질환을 일으킬 수 있어요. 그러니까 빠른 성과를 얻으려고 하지 말고, 식사량을 줄이기 전에 수의사와 상담하세요. 무엇을 얼마만큼 먹어야 하는지 파악한 뒤에는 이 방법을 시도해보세요.

1. 운동량을 늘리세요. 특히 여러분의 고양이가 집고양이라면, 10분짜리 놀이 시간을 3-4번 가지세요. 고양이를 위한 낚싯대, 공, 껴안고 뒹굴 수 있는 장난감이 운동 강도를 높여줄 거예요.
2. 만약 지금까지 고양이가 언제든 원하면 먹을 수 있게 사료를 부어놓았다면, 하루에 두 번 정해진 시간에만 밥을 주고 20분이 지나면 밥그릇을 치우는 원칙을 세우세요. '자율 급식'을 하는 고양이들이 더 과체중이 되기 쉬워요. 처음에는 야박하게 느껴지겠지만 여러분의 고양이는 새 일정에 금세 적응할 거예요. 단, 깨끗한 물은 언제든 마실 수 있게 해주세요.
3. 식사 중 일부는 먹이 퍼즐을 이용해서 주는 걸 고려해보세요. 만약 여러분의 고양이가 건식 사료를 먹는다면, 집 밖에 한 줌 뿌려놓는 것도 고려해보세요. 먹기 위해선 '사냥'을 해야 할 테니 운동이 될 거예요.
4. 양을 어림짐작해서 주지 마세요. 저울로 계량해서 주세요. 주의를 기울이지 않으면 '반 봉지'를 준다는 게 '4분의 3 봉지'를 주기 십상이랍니다.

나이가 들며 체중이 주는 고양이들도 있지만, 통계상 노령묘 중에는 저체중보다는 과체중이 훨씬 더 많아요.

그럼 뭐가 좋은데요?

건강 체중의 고양이가 더 행복하게, 대개는 더 오래 살아요. 간식을 더 주기보다는 함께 놀아주는 방식으로 여러분의 애정을 표현해주세요. 고양이의 활력이 한결 좋아지는 것을 느낄 수 있을 거예요.

휴식과 이완

고양이는 키우기 쉬운 반려동물로 알려져 있어요. 흔히 개와 비교해 그렇다고들 하지요. 고양이들은 산책을 나가자고 조르지 않고, 저 혼자 지내는 데 흡족해 보일 때가 많아요. '자신의' 집사를 보고 얼마나 반가워하든, 대부분의 고양이는 역시나 자족적인 분위기를 풍기지요. 우리가 고양이들의 욕구와 그들이 보내는 다양한 신호들을 더 잘 이해하기 시작하면서부터는, 고양이를 그냥 내버려두는 것이 최고라고 주장하기는 어려워지고 있답니다.
이 장에서는 함께 생활하는 공간이 고양이에게—엄청난 수면 욕구를 채우든, 조용히 다른 이들과 어울리든, 당신과 일대일로 오붓한 시간을 보내든—안전하고 편안하게 느껴지도록 만드는 방법을 살펴볼 거예요.

냄새가 괜찮은 집

평소 고양이들은 주위 환경에서 친숙한 냄새가 나게 만드는 데 적잖은 시간을 들여요. 물건이나 가구의 표면에 뺨을 문지르거나 벽에 몸을 문대며 슬금거릴 때마다 자신의 체취를 남긴답니다.

그럼 뭐가 좋은데요?

여러분은 맡지 못하더라도 고양이가 집 안에 남기는 냄새는 편안함을 느낀다는 표시랍니다. 고양이의 신호는 남기되 강한 공산품 냄새가 너무 많이 나지 않게 생활 환경을 유지해 고양이의 호의에 답하세요.

여러분의 고양이는 자기 냄새를 듬뿍 묻히면 집이 보다 안전하고 친숙하다고 느껴요.

고양이 몸의 다양한 부위에 있는 냄새샘들은 서로 다른 역할을 한다. 뭔가를 긁을 때 쓰이는, 발바닥 살 사이의 냄새샘은 영역 표시와 짝 찾기와 관련이 있다고 알려져 있다. 엉덩이나 옆구리, 꼬리 쪽 냄새샘도 마찬가지다. 아마도 여러분이 가장 익숙한 고양이의 행동은 머리를 비비는 것—번팅—일 텐데, 고양이는 뺨·이마·입 언저리의 냄새샘을 이용해 하루에도 수십 번씩 친근한 냄새를 남긴다. 이건 고양이들이 편안해하는 사람과 장소에 묻히는 '쾌적 영역' 냄새다. 고양이가 여러분에게 머리를 비빈다면 일종의 찬사를 보내는 것이니 보답으로 부드럽게 귀 뒤쪽을 긁어주자.

깨끗하게—하지만 너무 깨끗하지는 않게

여러분은 물론 주위 환경이 깨끗하길 바라고, 대부분은 비누뿐 아니라 온갖 제품을 사용하고 공들여 청결을 유지할 것이다. 한때는 유리부터 나무, 가구 덮개까지 온갖 것을 위한 전용 세제—독한 냄새가 나는—가 쏟아져 나오더니, 이제는 시대가 바뀌어서 전보다 환경 친화적인 제품들이 많아졌다. 여러분의 고양이도 이쪽을 더 좋아할 것이다. 고양이들의 냄새 자국은 강한 인공적인 냄새에 묻혀버리기 때문이다. 고양이가 좋아하는 번팅 장소 몇 군데—현관문 모서리, 언제나 멈춰 서서 머리를 비비는 난간의 특정한 자리—를 봐두었다가 그곳들은 닦지 않고 내버려두면 고양이에게 도움이 된다. 콘센트에 꽂는 플러그인 디퓨저 (고양이의 후각에는 엄청난 냄새가 뿜어져 나온다고 느낀다)를 사용하거나 냄새가 강한 향(incense)을 피우거나 향초를 켜는 것도 피하자. 이에 대한 고양이의 반응에 대해서는 연구가 많이 이뤄지지 않았지만, 고양이의 고도로 발달한 후각을 어지럽히지 않는 편이 안전한 선택일 것이다. 여러분의 고양이는 가벼운 비누로 빨아 빨랫줄에 널어 말린 섬유 냄새, 집 밖의 냄새가 들어올 수 있게 활짝 연 창문을 더 좋아할 것이다.

도움이 되는 향

디퓨저 금지 원칙에 예외가 있으니, 그건 반려묘의 스트레스를 줄일 목적으로 생산된 디퓨저다. 이것을 구입한 사람들은 온갖 이유로 사용한다. 휴일에 있을 공포스러운 불꽃놀이에 대비시킨다거나, 스프레잉(주로 수코양이가 영역을 표시하기 위해 높이 뿌리며 오줌을 누는 행위)과 배변을 막는다든가 하는 만능 진정제 역할로 말이다. 그 제품들이 분사하는 향은 고양이의 얼굴에서 나오는 자연적인 냄새를 모방한 것이다. 효과가 있느냐고? 그렇다, 효과는 입증됐다. 하지만 스프레잉 같은 중요한 문제에 대해서는, 디퓨저를 사용하기에 앞서, 수의사에게 조언을 구하자. 그리고 만약 불꽃놀이 같은 특수한 행사에 대비하기 위해서라면 하루이틀 전에 미리 디퓨저를 꽂아, 고양이에게 적응할 기회를 주는 편이 좋다.

루틴의 힘

고양이의 삶에는 풍부한 경험과 이따금 깜짝 놀랄 사건이 필요해요. 하지만 연구에 따르면 이것들이 규칙적인 일과를 바탕으로 이뤄질 때 더욱 잘 지낸다고 해요. 균형을 잘 잡는 것은 까다로운 일이고, 그 균형도 고양이마다 다를 거예요.

예상할 수 있는 환경

고양이들이 규칙적인 일과를 따르고 자신들의 밥 시간과 놀이 시간을 익히 알고 있다면, 그 생활이 들쭉날쭉한 생활보다 잘 맞는다고 할 수 있다. 미국 수의사 협회가 1년 반이 넘는 기간 동안 실시하고 책으로 펴낸 유명한 연구에 따르면 그렇다. 과학자들은 32마리의 고양이로 표본 조사를 했고, 우선 이들에게 규칙적인 일과를 제공했다. 즉 언제나 같은 사람이 자신들을 보살필 것을 확실히 예상할 수 있었고, 언제 먹고, 언제 놀지, 언제 화장실이 청소될지 등등을 예측할 수 있었다. 32마리 중 12마리는 건강한 상태였고, 나머지 20마리는 소변을 자주 봐야 한다거나 그 밖의 다른 증상들이 따르는 불치의 만성 질환에 시달리는 고양이들이었다.

모든 것이 태엽장치처럼 돌아가는 세심히 배치한 일과를 제공한 결과, 연구자들은 건강한 고양이들에게 더욱 활력이 증진됐을 뿐 아니라, 아픈 고양이들도 꾸준히 건강이 개선돼 질병의 많은 증상이 사라진 것을 발견했다. 언제 무슨 일이 일어날지 정확히 예측할 수 있다는 것이 결과적으로 모든 고양이의 스트레스 수준을 대폭 낮추는 것으로 나타난 것이다. 자연스럽게, '우리 눈에는 고양이가 아주 평범한 일상생활을 하는 것 같아 보일 때도 실은 큰 스트레스를 받고 있지는 않을까?'라는 의문이 제기됐다. 그래서 확실했던 생활 규칙을 고의로 혼란스럽게 바꾸자—이를테면 식사 시간을 한두 시간 어지럽힌다든가, 낯선 사람이 와서 돌본다든가—아픈 고양이들이 과거의 증상들을 다시 보이기 시작했을 뿐만 아니라, '건강한' 고양이들도 구토를 한다든가 화장실을 사용할 때 실수를 저지르는 등 스트레스 증후를 보이기 시작했다.

여기서 얻을 수 있는 교훈은?

고양이들의 얼굴은 표정을 읽기가 어렵고(적어도 우리 인간들에게는), 우리는 그저 고양이들이 왜 그렇게 행동하는지에 대해 배워가고 있는 중이다. 하지만 이 연구에서 얻을 수 있는 중요한 교훈은 고양이들은 우리가 생각하는 것보다 훨씬 더 불안을 느끼는지도 모르고, 고양이의 스트레스를 줄여주는—전반적인 신체 건강도 개선하는—비결은 규칙적인 일과에서 오는 안도감이라는 점이다. 물론, 고양이들의 삶이 따분해야 한다는 것은 아니다. 확고히 체계가 잡힌 돌봄이 고양이들에게 가장 잘 맞는다는 것이다.

그럼 뭐가 좋은데요?

정해진 일과가 고양이에게 좋다고 해서, 여러분의 고양이가 색다른 변화나 뜻밖의 (즐거운) 사건을 좋아하지 않는다는 건 아니에요. 다만 언제 밥이 나올지, 오롯한 관심을 받을지, 방해받지 않고 낮잠을 잘 수 있는지를 예상할 수 있는 틀을 제공하는 것이 고양이에게 가장 좋다는 거예요.

불쑥 아주 격렬히 논 뒤에도 고양이는 아주 규칙적인 기본 루틴을 고수한답니다. 연구에 따르면 고양이들은—대체로— 예상 가능한 생활을 할 때 가장 잘 지낸다고 해요.

쓰다듬을 때
그리고 멈춰야 할 때

어떤 고양이들은 쓰다듬어주는 것을 아주 좋아하고, 사람 무릎에 앉는 것도 흡족해하고, 사람이 좋다며 아무리 야단법석을 떨어도 좋아할(적어도 참아줄) 거예요. 또 어떤 고양이들은 사람들과 함께 지내는 것은 좋아해도 자길 만지는 건 좋아하지 않을 수 있고, 또 다른 고양이들은 사람과의 접촉 자체를 꺼릴 수 있어요.

인간이 퍼붓는 애정 공세를 고양이가 좋아하는지 아닌지는 천성과 양육이 결합한 결과다. 부끄러움을 많이 타는 부모에게서 태어나 아기 때 폭넓은 사회화 경험을 하지 않은 고양이는 붙임성 있는 부모에게서 태어나 충분한 사회화를 거친 고양이만큼은 결코 긴장을 풀지 않을 것이다. 그렇다고 모든 접촉을 포기해야 한다는 뜻은 아니다. 다만 전자의 경우, 완벽한 무릎냥이가 되기는 어려울 거라는 말이다.

친구 되기

싫다는 고양이를 억지로 안지도 말고, 원하지 않는 장소에 억지로 두려 해서도 안 된다. 그리고 다른 누구도 그러지 못하게 하자. 그러지 않으면 고양이한테 매를 버는 거나 마찬가지다. 아야! 그 대신 고양이가 쉬기 좋아하는 장소를 관찰해보자. 특별히 좋아하는 쿠션이나 러그가 있다면 그걸 여러분 가까이에 옮겨두고, 고양이가 좋아하는 물건을 추가해보자. 캣닙 쥐나 먹이 퍼즐 장난감은 어떨까? 우리의 곁을 매력적인 장소로 만들수록 가까이 와서 앉을 확률이 높아진다.

할퀴기, 어떻게 멈출까?

다들 겪어본 적 있을 것이다. 머리 언저리를 살살 긁어주니 좋아하는 것 같아서 가슴을 쓰다듬었더니 고양이가 갑자기 성이 나서 발톱까지 세운 앞발로 우리의 손을 할퀴고, 더 심하게는 물고, 품에서 달아나버린다. 우리가 뭘 잘못한 걸까? 이런 일이 다시 벌어지지 않게 할 수는 없을까?

**고양이가 무릎에서 잠들 만큼 여러분을 ▶
신뢰한다면, 여러분이 반려묘에게 더없이
안전한 환경을 제공하고 있다는 뜻이에요.**

고양이를 쓰다듬는 것은 결코 완벽히 안전할 수 없다. 하지만 위험을 줄일 수는 있다.

1. 불길한 징조를 간파해야 한다. 이를테면 고양이가 움찔하며 꼬리의 방향을 바꾸거나, 여러분을 쳐다보거나, 눈에 띄게 몸서리치지는 않는지 확인하자. 이것들은 결코 좋은 신호가 아니다. 쓰다듬기를 멈추고 손을 뗀 다음, 어떻게 할지 여러분의 고양이가 결정하게 하자.
2. 만지는 부위에 유의해야 한다. 많은 고양이들이 뺨이나 귀를 긁어주는 걸 좋아하지만 옆구리 쪽을 토닥이는 것은 별로 좋아하지 않는다. 발·배·꼬리를 건드리는 걸 좋아하는 고양이는 아주 드물다.
3. 쓰다듬는 시간은 언제나 5분가량으로 짧게 유지하고, 고양이가 더 해달라고 조르더라도 완전히 멈춰야 한다. 그러면 고양이가 여러분 곁에 머무는 쪽을 택할지도 모른다. 가까이 있는 걸 즐기면서 말이다.

고양이는 왜 그러는 걸까요?

고양이들이 좋아하는 것 같다가도 왜 갑자기 변덕을 부리는지는 아무도 정확히 모른다. 하지만 몇 가지 이론이 있기는 하다. 하나는, 고양이는 쓰다듬는 것을 작고 불쾌한 충격들로 경험해서 반복되면 어느 시점에 불만으로 터져나온다는 것이다. 또 하나는, 고양이에게 감각이 너무 자극되면, 유쾌한 자극이 갑자기 불쾌한 것으로 돌변한다는 것이다. 그러니까 위험 신호를 감지하는 법을 배우는 수밖에 없다.

편안한 그루밍

여러분의 고양이는 날마다 몇 시간을 털 손질로 보낼 거예요. 굳이 여러분까지 나서서 그루밍을 거들어야 하느냐고요? 예, 적어도 가끔은 도와야 해요—만약 여러분의 반려묘가 나이가 많거나, 털이 길거나, 무성한 덤불숲을 헤치며 밤 소풍을 즐긴다면 더 자주 도움이 필요하고요.

알맞은 장비를 장만하기

털의 유형에 따라, 실리콘이나 고무로 된 그루밍 장갑(대개는 메시나 성긴 직조물로 된 장갑에 손바닥 너비의 부드러운 '솔'이 붙어 있다)이 잘 맞을 수도 있고, 손을 끼울 수 있도록 끈이 달린 작은 실리콘 브러시가 잘 맞을 수도 있다. 털이 짧고 뭉치지 않는 고양이라면 그걸로도 충분하다. 특히 실리콘 재질은 빠질락 말락 하는 고양이털을 잘 잡아내서, 손질 중에 털이 덜 날린다. 털이 길거나 부드러운 솜털로 뒤덮인 고양이들은 촘촘한 브러시나 빗, 혹은 둘 다 필요할 가능성이 높다. 거기에 더해, 털뭉침(mat)이 생기려는 곳을 잘라낼, 너무 날카롭지 않은 가위도 필요하다. 하지만 처음에는 대부분의 고양이가 좋아하는 그루밍 장갑으로 시작하는 편이 좋다.

털뭉침 관리하기

털뭉침은 규칙적으로 털 손질을 하지 않았을 때 생기는, 펠트처럼 엉킨 털 뭉치를 가리켜요. 털뭉침이 심하면 수의사의 도움을 받아야 해요(여러분이 함부로 잘라내려고 했다가는 고양이의 살갗을 벨 수 있어요). 하지만 살짝 엉킨 정도라면 가장자리부터 아주 살살 빗어준 다음, 남아 있는 가운데 부분을 조심해서 잘라내면 돼요.

부드러운 그루밍 장갑은 경계심 많은 고양이에게 조심스러운 그루밍을 시도하기에 좋은 도구예요.

아프지 않게

스트레스 없이 털을 손질해주는 최선의 방법은 (아주) 서서히 시작한 다음, 완벽히 규칙적으로 해주는 것이다. 만약 아기 고양이일 때부터, 특히 충분히 긴장을 푼 상태에서 간간이 뇌물을 줘가면서 털을 손질해준다면, 루틴을 쉬 받아들일 것이다. 만약 아기 고양이일 때 데려오는 게 아니라면, 그루밍 장갑이 든든한 지원군이 될 수 있다. 사실 고양이들은 살살 쓸어주는 느낌을 꽤 좋아한다. 그리고 일과 중 고양이를 쓰다듬고 예뻐해주는 시간마다 잠깐씩 빗질을 시도한 다음, 빗질 시간의 비중을 차차 늘려간다면 여러분의 고양이는 뭐가 달라졌는지조차 알아채지 못할지도 모른다. 고양이가 긴장을 풀고 있지만 실제로 잠들지는 않은 때를 골라서, 가장 덜 예민한 부위(보통은 머리나 어깨)를 중심으로 하루에 1-2분씩 해보자. 고양이가 익숙해지는지 살피면서 아주 서서히, 더 길게, 더 예민한 부위까지 털을 손질해주자.

고양이도 배울 수 있나요?

고양이들은 실제 상황에서 스스로 뭔가를 깨우치는 데는 아주 영리해요. 하지만 의문은 '여러분의 고양이가 여러분한테서 뭔가를 배울 수 있을까' 하는 거예요. 최근 몇 년간 아주 면밀히 연구한 바에 따르면, 정답은 '그렇다'예요. 여러분이 인내심을 갖고 가르친다면 고양이는 배울 수 있어요.

고양이의 행복을 위한 훈련

고양이는 오랫동안 훈련이 불가능한 동물로 알려져왔지만('불가능한 일'을 가리켜 '고양이 몰기'라는 표현을 쓸 정도니까), 실제로는 꽤 최근까지 아무도 고양이를 제대로 훈련하려고 시도하지 않았던 것으로 보인다. 최근 일부 헌신적인 연구자의 책들이 고양이가 확실히 훈련(혹은 독려 혹은 길들이기)이 가능하다는 것을 입증하기 전까지는. 그 책들에 따르면, 고양이는 개와 별반 다르지 않은 방법으로 행동 전반을 훈련할 수 있다.

문제는 여러분이 어떤 이유로 고양이를 훈련하고 싶어 하느냐이다. 훈련을 통해 여러분이 이미 고양이와 맺고 있는 유대를 더 돈독히 하고 싶을 수도 있고, 여러분이 좋아하지 않는 고양이의 행동을 교정하고 싶을 수도 있다(이를테면 소동을 부리지 않고 이동장에 들어가거나 나오게 하는 훈련도 가능한데, 사람도 고양이도 동물병원 방문의 스트레스를 대폭 줄일 수 있다). 또 여러분이 원하는 행동을 새로 가르치고 싶을 수도 있고, 순전히 재미로 실험을 해보고 싶을 수도 있다. 고양이 입장에서는, 적절한 동기 부여와 아주 높은 수준의 보상이 주어진다면 단계적인 학습을 그저 또 하나의 긍정적인 활동으로 받아들일 것이다. 그리고 올바르게만 접근한다면 대부분의 고양이는 '그들의' 인간들과 즐겁게 훈련하는 법을 배운다.

고양이가 이동장을 평소에 가구로 사용하게 만들면, 이동장이 근처에 있어도 편안해할 거예요. ▶

시작하기

훈련의 주제에 따라 수많은 책이 나와 있다(클리커 훈련법을 사용하는 책도 있고, 아닌 책도 있다. 물론, 클리커를 사용하는 훈련법 자체가 하나의 큰 주제이기도 하다). 이 책에서는 두세 쪽을 할애해 큰 그림만 제시하고자 한다. 몇 가지 전반적이고 간략한 지침이니까, 고양이를 가르치고 싶다면 참조하길 바란다. 만약 이 내용이 여러분과 고양이의 흥미에 불을 지핀다면, 좋은 책*을 한 권 장만하자. 그런 다음 규칙적인 훈련 시간표를 짜고 직접 시도해보자.

훈련에 성공하기 위해서는 처음부터 계획을 잘 세워야 한다. 고양이가 새로운 것을 받아들일 만한 기분일 때를 고르자. 식사 직전이나 직후(배가 너무 고프거나 부를 때), 낮잠 시간, 이미 다른 것에 정신이 팔려 있을 때는 금물이다. 장소는 주의를 분산시키는 것이 없는 조용한 곳이 좋다(새 모이통이 달려 있는 창가는 피한다). 그리고 고양이가 자주 누리지 못하는 정말 좋은 것—참치 간식이라든지 아니면 고양이가 열광할 게 틀림없는 새 장난감—을 준비한다.

* 저자가 추천한 도서 중 국내 번역 출간된 책은 다음과 같다.

- 존 브래드쇼, 알렌 레인 『캣 센스Cat Sense』 (글항아리, 2013)
- 팸 존슨 베넷 『고양이처럼 생각하기 Think Like a Cat』 (페티앙북스, 2017)

그럼 뭐가 좋은데요?

고양이와 훈련하는 것은 언제나 여러분의 고양이를 열정적인 참가자로 만든다는 점에서 고양이와 여러분의 유대감 형성에 도움이 될 뿐만 아니라, 고양이와 여러분 모두에게 아주 흥미진진한 활동이 될 거예요. 조금 더 심화한다면 훈련은 고양이가 스트레스 요인들에 둔감해질 수 있도록 도와주는 아주 소중한 도구가 될 수도 있어요.

작은 목표

기대치를 낮추고 고양이도 여러분도 성취감을 느낄 수 있도록 계획을 세우자. 이를테면 '부르면 오기', 하이파이브로 간식 '요청하기'를 익히는 걸 목표로 시작할 수도. 여러분의 고양이는 '부르면 오기'는 이미 할 줄 안다. 여러분이 간식 봉지를 바스락거리기만 해도—그러다 뜯기라도 하면—단숨에 달려오니까 말이다. 훈련도 똑같다. 단, 그 바스락거리는 소리 대신 우리가 고른 소리로 바꾸는 것이다. 클리커가 있다면 클리커 소리도 될 수 있겠고, 혀를 쯧쯧 차는 소리나 똑 하고 튕기는 소리처럼 그냥 특정한 소리면 된다. 어떤 소리든 한번 정한 소리를 끝까지 고수하자. 그다음부터는 믿기지 않을 만큼 간단하다.

- **간식을 가까이에 준비한다.** 간식을 아주 작은 조각으로 쪼개는 대신, 처음부터 여러 개씩 후하게 주면서 시작한다.
- 고양이로부터 (더도 덜도 말고) **세 걸음 떨어진 곳에 선다.**
- **여러분이 정한 소리를 낸다.** 고양이가 올려다볼 때 간식을 한 개 주고, 고양이가 다가온다면 하나 더 줄 것. 시간차가 없어야 한다. 다가오자마자 최대한 잽싸게 간식을 주어야 고양이가 자신의 행동과 주어지는 보상을 연결지어 생각할 수 있다.
- **한 걸음 뒤로 물러선다.** 다시 소리를 내보자(그리고 간식을 준비한다). 고양이가 여러분을 향해 다가온다면, 간식을 준다. 다가오지 않는다면, 도로 한 걸음 다가가서, 처음부터 다시 시작.
- **거리를 아주 조금씩 늘리면서 계속해보자.** 매 단계를 아주 여러 번 반복해야 할 테지만, 걷는 법을 배우기도 전에 뛰려고 해서는 안 된다(정확히는, 여러분의 고양이를 뛰게 만들려고 해서는 안 된다). 1-2주에 걸쳐서, 꾸준히 여러분이 만드는 소리와 여러분이 주는 간식을 각인시키면서, 고양이가 보상을 얻기 위해 이동해야 하는 거리를 아주 조금씩 늘려보자. 최종적으로는 꽤 먼 거리에서도 여러분이 신호를 보내면 고양이가 오게 만드는 데 성공해야 한다. 이건 훈련 같지 않다고 생각할지 모르겠지만, 고양이에게 우리가 원하는 어떤 행동을 강화하는 데 성공했다면, 그게 바로 훈련이다.

훈련 시간은 최대 10분을 넘기지 말자(5분이 적절하다). 짧을수록 고양이가 훈련에 집중을 잘할 것이다.

하이파이브에 도전해 보세요

여러분이 간단한 '묘기'를 가르치고 싶다면, 하이파이브가 아마도 가장 쉬울 거예요. 장난감이나 간식을 이용해 가르칠 수 있어요. 2장에 나온 손가락이 긴 장갑을 활용하면 좋답니다.

- 고양이가 여러분에게 이미 주의를 기울이고 있을 때 시작하세요. 단, 의자나 여러분의 무릎 위보다는 바닥에 앉아서 시작하는 게 좋아요.
- 손가락이 긴 장갑을 끼거나, 고양이가 좋아하는 커다란 깃털이나 작은 장난감을 한 손에 준비하세요.
- 긴 손가락 장갑을 꼈다고 치고, 장갑 낀 손을 고양이의 머리 바로 위 공중에 두고 손가락 하나를 살짝 움직여보세요. 만약 깃털이나 장난감을 골랐다면, 그냥 엄지와 검지 손가락으로 쥐고는 똑같이 해요. 손가락이 다치지 않게 조심하세요.
- 고양이는 아마도 손가락을 올려다보고는 '만질' 거예요. 바로 그 순간에 '똑' 하고 혀를 튕기고(남는 손이 있고 클리커가 익숙하다면 클리커를 사용!), 손가락을 한 번 더 흔들고는 '보상'을 주세요.
- 처음에 손가락을 만지지 않는다면 만질 때까지 기다리세요. 한 번 실패한 뒤 다음번 시도를 할 때까지, 장갑을 움직이지 말고 가만히 '유지'해야 해요. 그러지 않으면, 평범한 잡기 놀이가 돼버릴지도 몰라요.
- 이제는 '똑' 소리를 내는 횟수를 서서히 줄여요. 고양이가 하이파이브와 비슷하게 만졌을 때에만 '상'으로 '똑' 소리를 내야 해요. 고양이가 계속해서 어설프게 접촉하면 그냥 장갑이나 깃털이나 장난감만 만지는 횟수가 점점 늘어날 거고, 그러다 멈추고 말 거예요. 그러다 결국—아주 많이 시도해야 할지도 모르지만—여러분의 고양이는 똑 소리를 들을 수 있는 발 동작을 깨치게 될 거고, 그렇게 더 놀다보면 하이파이브를 마스터하게 될 거예요.

만약 여러분의 고양이가 빠르게 배운다면, 재미있어할 만한 다양한 재주에 도전해 레퍼토리를 만들어보세요.

생애 주기

이전 장들은 각각 식생활부터 놀이, 휴식과 건강 관리까지 고양이의 삶의 여러 측면을 다루며, 여러분의 고양이를 최대한 잘 이해하고 고양이의 삶을 모든 영역에서 더 행복하게 만들 수 있는 방법을 살펴봤어요. **이 마지막 장은 달라요. 고양이의 삶에서 주요한 몇 가지 주제와 생애 주기를 검토할 거예요.** 여기에 실린 모든 내용이 모든 독자에게 적용되지는 않을 거예요. 여러분은 아기 고양이나 나이 든 고양이와 살고 있지 않을지도 몰라요. 하지만 만약 살게 된다면—고양이 보호자로서, 그때가 찾아올 거예요—, 여기에 몇 가지 유념해야 할 사항이 실려 있답니다. 이를테면, 아기 고양이를 사회화하거나, 늙은 고양이를 편안하게 해 주거나, 터줏대감 고양이와 신입 고양이가 잘 지내게 만드는 법 같은 거요.

고양이의 삶

세계에서 가장 나이가 많은 고양이—미국 텍사스주 오스틴에 살던 크림 퍼프—는 38살 생일을 넘길 때까지 살았답니다. 크림 퍼프야 아주 예외적이긴 하지만, 실제로 최근 40년간 고양이의 기대 수명은 쭉 증가해왔고, 12-17살 사이가 보통이기는 해도, 이제는 20대가 될 때까지 사는 고양이를 심심치 않게 만날 수 있어요.

꾸준한 돌봄

고양이의 수명이 늘기는 했지만 반려묘가 일생 동안 동물병원을 찾는 횟수는 반려견보다 훨씬 적다. 이유가 명확히 밝혀지지는 않았지만 짐작은 할 수 있다. 아마도 고양이가 (매일 산책할 필요가 없다는 점에서) 손이 덜 가는 반려동물이라는, 오랫동안 이어져 내려온—항상 옳은 것은 아닌—세간의 평가 때문일 수도 있고, 어쩌면 인간에게 완전히 길들여지지 않은 고양이의 지위 때문일 수도 있다. 어쩌면 고양이는 개보다 아플 때 숨으려는 경향이 강해 상태를 관찰하기 어렵기 때문일지도 모른다. 심지어 고양이가 개보다 동물병원에 데려가기 힘들어서 나타난 결과라는 주장도 있다. 개는 아무리 가기 싫어해도 목줄을 채워 데려갈 수 있지만, 고양이는 찾고 얼러서 이동장에 넣는 지난한 과정을 밟아야 하니까 말이다.

그렇다면 동물병원에는 얼마나 자주 가야 할까? 고양이가 아프지 않다 해도, 예방 접종도 해야 하고 1년이나 반 년에 한 번(나이나 전반적인 건강 상태에 따라 다르다) 정기검진을 받아야 한다. 당장은 그리 필수적이라고 느껴지지 않는 진료일지라도, 예방적인 건강 관리를 하는 편이 장기적으로 봤을 때 돈이 절약될 뿐만 아니라 고양이의 고통도 줄일 수 있다는 사실을 명심해야 한다. 집에서 하는 관리 중에서, 여러분이 고양이의 건강을 위해서 할 수 있는 가장 중요한 두 가지는 치아 관리와, 형편이 닿는 선에서 최고의 식단을 제공하는 것이다.

친근한 수의사

이전 장에서 이동이 편안해지도록 고양이를 이동장에 적응시키는 법을 다루었다면 이번에는,

고양이의 생애 주기는 너무나 빠르게 흘러간다고 느껴질 수 있어요. 나뭇잎만 떨어져도 폴짝거리던 아기 고양이가, 여러분이 의식적으로 주의를 기울이지 않아도 되는 느긋한 어르신 고양이가 되지요. ▶

고양이가 동물병원에 도착했을 때 어떤 일이 벌어지는지 살펴볼 차례다. 차츰 수의사들도 병원 진료가 고양이들에게 트라우마에 가까운 무시무시한 경험이 될 수 있다는 사실을 인정하고 괴로움을 덜어주기 위한 조치를 취하고 있다. 고양이를 동물병원에 등록하려고 한다면 이것저것 많이 물어보자. 만약 '피어 프리'(fear-free), '스트레스가 덜한'(low-stress) 같은 문구가 있다면, 고양이를 다루는 방법에서나 진료실의 환경 조성에서나, 수의사 스스로가 고양이가 느끼는 진료의 공포를 줄여주려 노력한다는 뜻이다. 이를테면 더 포근한 감촉의 가구나 물품을 갖춘다든가, 고양이의 주의를 딴 데로 돌리는 기술을 발휘하는 식으로 말이다.

집에서 하는 자가 검진

고양이의 일상적인 행동—식사, 물 마시기, 소화, 그루밍, 수면—에 특이점은 없는지, 일주일에 한 번씩 여러분이 점검하세요. 그러면 건강에 문제가 있다는 표지일지 모를 행동상의 지속적인 변화를 감지할 수 있을 거예요.

아기 고양이

논쟁의 여지가 있기는 하지만, 강아지보다는 아기 고양이를 키울 때 주의할 것이 더 많아요. 강아지가 아무리 운동 신경이 좋아도 커튼을 반쯤 타고 오를 가능성은 적으니까요. 아기 고양이의 앙증맞은 네 발이 집을 나서기 전에, 체크리스트를 만들어 꼼꼼히 점검하세요.

좁기는 뭐가 좁아!

아기 고양이의 가장 놀라운 점은 아주 좁은 공간에도 쏙 들어갈 수 있다는 것이다. 거기에 그칠 줄 모르는 호기심과 탁월한 등반 기술까지, 여러분은 온갖 종류의 사고에 대비책을 마련해야 한다. 일반적으로 아기 고양이가 처음 도착하면 새 환경에 적응할 때까지는, 물론 자주자주 들여다봐야겠지만, 크지 않은 방에 두는 게 좋다. 그래야 집 안의 나머지 장소 가운데 우범지대가 어디인지 확인하고, 그곳들을 고양이에게 안전하게 정비할 시간 여유가 생길 수 있다(식기세척기·세탁기·빨래 건조기의 문을 꼭 닫고 변기 뚜껑도 덮어두자).

어느 방부터 살펴볼지 정한 다음, 차례로 점검해보자. 먼저 고개를 들어 위쪽을 살펴보자. 높은 선반이나 책장은 없는지, 고양이가 건드리고 지나가면 쓰러져 망가질 물건은 없는지……. 장식품들은 당분간 찬장에 넣어두어야 한다. 이제, 바닥으로 내려와 아기 고양이의 눈높이로 주위를 둘러보자. 구멍이 노출된 콘센트와 멀티탭은 전원을 차단하고, 전선은 뽑고 돌돌 말아서, 깨물고 쫓으며 놀고 싶은 유혹을 자극하는 끝부분이 밖으로 나오지 않게 고무밴드로 묶어둔다. 식물은 고양이에게 무해하다고 완벽히 확신할 수 없다면 치우는 게 좋다(설령 확신한다 해도, 아기 고양이가 흙이 담긴 화분을 작은 화장실로 착각하기를 바라지는 않을 테니, 당분간 식물은 모두 출입 금지 구역에 두는 것이 최선이다).

다음에는, 아기 고양이가 숨을 만한 곳을 점검한다. 아기 고양이를 키워본 사람이라면 누구나 밀실 수수께끼에 직면한 경험이 있을 것이다. 방에 빠져나갈 구멍이라고는 없는데, 아기 고양이가 온데간데없이 사라져버리는 경험 말이다. 아기 고양이들은 아주아주 좁은

처음 온 아기 고양이에게 ▶
명확한 '은신처'를 선사하는 건
여러분에게도 아기 고양이에게도
즐거운 놀이가 될 거예요.

공간에도 들어갈 수 있으니 라디에이터와 벽 틈, 책장 아래 좁은 공간 등을 살펴보고, 들어가면 곤란한 곳은 아예 막아버리자. 그보다 넓은 은신처—이를테면 침대 밑—는 괜찮다. 아기 고양이가 숨고 싶어 하는 것은 자연스러운 일이니까. 하지만 끼거나 갇힐 위험이 없어야 한다.

아기 고양이용 사이즈

아기 고양이를 위한 작은 밥그릇과 물그릇과 화장실을 준비하자. 화장실은 널찍해야 좋지만, 그렇다고 너무 크거나 높아서는 곤란하다. 마찬가지로 밥그릇과 물그릇은 넉넉한 크기가 좋지만, 아기 고양이가 들어가서 바둥거리고 싶은 유혹을 느낄 만큼 커서는 안 된다. 파고들 만한 담요와 러그가 많다면 침대는 그리 중요치 않다. 어른 고양이와 마찬가지로, 아기 고양이도 주로 침대보다는 따뜻한 구석 자리에서 자는 걸 더 좋아하기 때문이다.

그럼
뭐가 좋은데요?

만반의 준비를 한 뒤에 맞이한다면, 아기 고양이와 즐겁게 보내는 시간은 길어지고, 정신없이 달려가서 물건을 치우는 시간은 짧아질 거예요.

조기 교육

고양이의 사회성에 대하여

멈출 줄 모르고 만화 캐릭터같이 노는 모습이 너무 매력적이어서, 아기 고양이들이 매일같이 속성 학습에 몰두 중이라는 사실은 잊기 쉬워요. 아기 고양이 시절의 경험은 장기적으로 행동에 영향을 미칠 테니, 긍정적인 방향으로 교정해주는 것이 좋겠지요.

그럼 뭐가 좋은데요?

사회화가 잘된 아기 고양이는 어른이 돼서 온갖 유형의 인간과 경험 들에 잘 대처할 수 있을 거예요. 더 넓은 세상에 자신감 있게, 침착하게 다가가도록 돕고 싶다면 생후 첫 몇 주가 아주 중요해요.

유묘기의 단계

아기 고양이들은 대개 젖을 완전히 떼고 생후 8-10주가 되면 어미 곁을 떠나 새 주인에게 가지만, 대부분의 품종묘 브리더들은 생후 12-13주가 되기 전에는 아기 고양이들을 내보내지 않는다. 아기 고양이들이 아직 어미와 형제 자매들로부터 여러 가지를 배우는 중이기 때문이다. 아기 고양이들은 이 시기에 고양이로 사는 법을 배우는데, 이는 훗날 다른 고양이들과 편안히 어울려 살아야 한다면 특히 중요하다. 어미 고양이는 주요한 기술—이를테면 사냥하는 법, 밥을 먹고 노는 곳이 아닌 다른 곳에 배설물을 묻는 법—을 몸소 가르치고, 동료 아기 고양이들은 놀이 기술을 연마하고, 놀이가 너무 격해졌을 때 선을 긋는 법을 배울 수 있도록 도와준다. 그러면 훗날 어른 고양이가 되어 이런 것들을 가르치는 수고를 덜 수 있다. 아기 고양이의 이상적인 사회화를 위해서는, 손으로 조심스레 만지고 잡는 것을 포함해, 다양한 사람들과의 만남도 필요하다. 아직 많이 어릴 때 다른 (상냥한) 동물들을 만나는 것도 좋다. 아기 고양이일 때 다른 존재들에 익숙해질수록 개들과도, 직계가족이 아닌 고양이들과도 관계를 더 잘 맺을 수 있을 것이다.

올바른 접촉 방법

어른 고양이가 사람들과 어떤 관계를 맺을지는 상당 부분 아기 고양이 시절에 얼마나 많이 사람 손을 타고 사람과 놀았는지에 달렸다. 아이들을 포함해 다양한 사람들의 꾸준하고 부드러운 손길을 경험하도록 하는 것은 여러분이 선사할 수 있는 가장 값진 경험이 될 수 있다. 고양이 각각의 성격도 언제나 큰 요인으로 작용한다. 어떤 아기 고양이들은 타고나기를 여느 고양이보다 차분하고 고분고분하기도 하다. 하지만 구조자들은 집에서 지낸 적 없는 아기 길고양이들도 규칙적인 핸들링을 해주면 몇 주 안에 길들일 수 있다는 것을 발견했다.

아기 고양이를 손으로 다루는 법

4-5주에 이른 아기 고양이는 보통 부드럽고 단호한 손길로 잽싸게 잡으면 손안에 들어와서 파고든다. 좀 더 자라면 그렇게 빨리 긴장을 풀지 못하지만 오히려 여러분과 한동안 놀고 난 뒤, 품에 안길 확률이 높다. 매일 규칙적으로 놀기-만지기 시간을 시간을 가져보자(사람 어린이들이 함께한다면, 아기 고양이가 놀라지 않도록 반드시 부드럽게 만지도록 주의를 주자). 그럼 여러분의 고양이는 어른이 돼서도 사람들과 함께 편안히 어울릴 수 있을 것이다.

◀ 규칙적으로 처음 온 아기 고양이를 만져주고 함께 놀아주세요. 하지만 쉴 틈을 줘야 해요. 아기 고양이들에게 새로운 환경이 피곤할 수 있다는 걸 명심하고, 받아들일 시간을 주세요.

다다익묘?

이 책에서는 대체로 고양이를 독신 고양이로 간주하고 다루었지만, 이 장에서는 두 마리 이상의 고양이와 함께 지내는 법을 다룰 거예요. 과거의 들고양이들은 영역 싸움이나 짝짓기를 위해서만 서로를 만났지만 오늘날의 반려묘들은 훨씬 사교적이고 그중 일부는 실제로 친구를 사귀고 싶어 하기도 한답니다.

어른 고양이 둘을 들이기란 한배에서 난 아기 고양이 둘을 입양하는 것처럼 쉽지 않다. 그래도 형제자매끼리는 태어나면서부터 모든 경험을 공유하기 때문에(그리고 고양이에게 특히 중요한 체취가 비슷하기 때문에) 사이좋게 지내는 경향이 있다. 혹은 보호소에 가면 이따금 구조자들이 서로 사이좋게 지내는 두 고양이를 함께 입양할 것을 제안하기도 한다. 하지만 그런 경우가 아니고 어른 고양이 한 마리를 키우던 중에 친구를 만들어주고 싶은 거라면, 조심스러운 소개와 적응 과정이 필요할 수 있고, 고양이들이 서로 꽤 편해지기까지는 상상했던 것보다 시간이 오래(몇 주, 길면 서너 달) 걸릴 가능성이 높다.

두 배로 장만하기

여러분의 고양이가 신참 고양이를 쉽게 받아들이든 아니든 물품은 두 배로 필요하다. 하나를 나눠 쓸 거라고 넘겨짚지 마시라. 시간이 오래 흐르면 그럴 수도 있겠지만, 처음에는 두 고양이 모두 각자의 밥그릇, 물그릇, 화장실, 침실, 심지어 캣타워를 사용해야 더 안전하다고 느낄 거고, 보통 한동안은 서로 다른 곳에서 자려고 할 테니까. 고양이들은, 자기 영역을 확실히 하기 위한 일환으로 다른 고양이가 화장실이나 물그릇에 접근하지 못하게 막으려고 들 수도 있다. 그러니까 완전히 자리를 잡을 때까지 두 고양이 모두가 필요한 것들에 접근할 수 있으려면 화장실이며 기타 생필품을 각기 다른 곳에 비치해야 한다. 고양이 친구 둘이 다정히 엉겨붙어 자는 모습을 상상하면 마음이 동하겠지만 처음부터 그럴 가능성은 희박하다.

그럼 뭐가 좋은데요?

만약 여러분의 고양이가 친구를 간절히 바라는 부류라면, 특히 여러분이 자주 장기간 집을 비운다면, 확실히 둘이 지내는 것이 외롭지 않을 거예요. 같은 종의 놀이 친구도 될 수 있고요.

처음 만난 성묘들은 신중히 서로에게 소개해야 해요. 그러면 최고의 친구는 못 된다 해도, 주어진 상황에서 서로를 허용하는 법은 배울 수 있을 거예요.

새로 온 고양이를 맞아들이는 8단계

1. 새로 온 고양이가 처음 며칠간 지낼 방을 준비하세요. 깨끗한 화장실, 물, 편히 쉴 자리, 캣닙 장난감을 마련해두세요. 간식을 몇 개 뿌려둘 수도 있겠죠. 고양이들이 서로 적응하는 시기에는 방묘문이 유용하게 쓰일 테니, 가능하면 몇 개 준비해주세요.

2. 새로운 고양이를 집에 들일 때는 곧장 준비된 방으로 데리고 들어간 다음 이동장을 열어주세요(그사이에 여러분의 고양이가 방으로 튀어들어오지 않게 주의하세요).

3. 처음 며칠간은 새로 온 고양이를 자기 방에서 혼자 지내게 하고, 여러분이 들어가서 밥을 주고, 놀 의향이 있는 것 같으면 놀아주세요. 낯선 곳에 온 고양이들이 숨는 것은 지극히 정상적인 일이에요. 만약 침대 밑이나 의자 뒤에 숨어서 나오려 하지 않으면 그냥 내버려두고, 곁에서 조용히 반시간 정도 책을 읽으세요. 고양이가 여러분의 존재에 익숙해지고 여러분을 '안전하다'고 생각하는 데 도움이 될 거예요.

4. 새로운 고양이가 여러분과 가까워질 준비가 되고 슬슬 손길도 받아들인다면, 깨끗한 먼지떨이를 가져와서 고양이의 몸을 아주 살살 문지르세요. 귀·뺨·턱 부위를 집중적으로 문질러서 솔 부분에 냄새가 배게 해주세요. 그런 다음 그걸 여러분의 고양이가 주로 지내는 방으로 가져와서, 코를 대고 냄새를 맡을 수 있는, 접근이 용이한 자리에 두세요.

5. 4번의 '먼지떨이 문지르기'의 과정을 반복하세요. 하지만 이번에는 고참 고양이의 냄새를 묻히는 거예요. 이 두 번째 먼지떨이를 새로 온 고양이가 터를 잡은 방에 가져다두세요.

6. 하루이틀 뒤, 고양이들이 서로의 체취에 익숙해질 기회를 가진 후, 새로운 고양이가 지내는 방에 방묘문을 세우고 방문을 여세요. 이때 여러분은 방 안에 있어야 해요. 이렇게 하면 기존의 고양이가 먼빛으로 신입 고양이를 볼 수 있어요. 여러분이 가까이 있지 않을 때는 방문을 닫아두고, 여러분이 지켜볼 때는 방문을 열고 방묘문을 세워두세요.

7. 아주 구미가 당기는 간식을 가져와서, 방묘문 안팎의 두 고양이 모두에게 주세요. 서로 너무 다가가지 않아도 되도록 어느 정도 거리를 두고 간식을 던져주세요.

8. 며칠이 걸릴 수도, 2-3주가 걸릴 수도 있지만 여러분은 서서히 고양이들이 적대감 없이 호기심을 느끼고 있다는 징후를 감지하게 될 거예요. 그럼, 여러분이 가까이 있을 때 방묘문 없이 새로 온 고양이의 방문을 열어두기 시작하세요. 그리고 두 고양이가 서로 가까이 있을 때 (각각에게) 간식과 장난감을 주세요. 시간이 흐를수록 여러분도 긴장이 풀릴 거고, 고양이들도 마찬가지일 거예요.

쉬울 수도 있어요

지금까지 설명한 것은 느리고 신중한 방법이다. 만약 기존의 고양이가 성격이 무던하고 텃세를 부리지 않는다면, 그리고 새로 온 고양이도 비슷하게 얌전한 편이라면, 그 모든 과정이 하루이틀로 압축될 수도 있다. 이따금 새로운 고양이가 아무 법석도 없이 기존의 집에 안착하는 경우도 있다. 친해질 의향이 있는 고양이들에게서는 몇 가지 징후를 발견할 수 있다. '수선'(침 뱉기, 하악질, 몸과 꼬리의 털 부풀리기)을 부리지 않고 느긋이 긴장을 푼 바디랭귀지, 서로 가까이에 있고 싶어 하고 같은 방에서 쉬고 싶어 하는 행동 등이다. 고양이들이, 약간 떨어져서라도, 기꺼이 한 소파에 같이 앉거나 창가에서 함께 햇볕을 즐긴다면, 적응 과정이 거의 완료됐다는 걸 실감할 것이다.

무조건 힘들 거라고 겁먹을 필요는 없어요.
무던한 고양이 두 마리라면 예상보다
빨리 유대감을 형성하기도 해요.

야생동물을 해치지 못하게 하기

고양이를 키우는 반려인이라면 한 번쯤은 직면하게 되는 문제가 있어요. 여러분의 고양이가 수시로 새나 작은 포유류를 사냥해오지는 않나요? 만약 그렇다면, 생물 다양성이 급격히 감소하고 있는 이때에, 사냥을 막기 위해 여러분은 무엇을 할 수 있을까요?

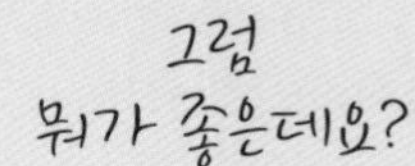

오락과 놀이는 고양이의 체력을 소진시켜 사냥을 단념시키는 데 효과적일 수 있어요. 여러 종류의 다채로운 활동으로 함께 놀아주고 방울이 둘 달린 목걸이를 채워주면 고양이의 '보은'을 멈출 수 있을 거예요.

사냥꾼 본능 누르기

79쪽에서, 육류 비중이 높은 식사를 하는 고양이들이 반려인과 규칙적인 놀이로 에너지를 발산하기까지 하면 기회가 있을 때조차도 집 밖에서 사냥을 덜 하는 경향이 있다는 것을 보여주는 연구를 언급했다. 그러니까 이 방법은 확실히 시도해볼 만하다. 고양이들은 대체로 새벽이나 해 질 녘에 사냥하는 습성이 있기 때문에, 고양이가 주로 집을 나서는 시간에 고양이를 집에 잡아두기 위해 특별한 노력—게임을 하며 함께 논다든지, 먹이 퍼즐로 '사냥' 하도록 독려한다든지—을 해야 한다. 들고양이들은 사냥한 것을 실제로 먹는 반면, 오늘날의 반려묘들은 대개 허기가 아니라 사냥 본능 때문에 사냥을 한다. 그러니 놀이로 주의를 돌리는 방법이 효과적일 수 있다.

신체적 방지책

사냥을 막기 위해 고양이의 신체에 제약을 가하는 것에 대해서는 의견이 분분하다. 어떤 동물행동학자들은 고양이의 본능을 막는 것이 몰인정하다고 생각하는가 하면, 다른 이들은 야생새와 작은 포유동물들의 살 권리가 고양이가 사냥에서 얻을지 모를 어떤 만족보다도 중요하다고 생각한다. 하지만 말 그대로 고양이 목에 방울 달기에 반대하는 사람은 많지 않다. 물론 솜씨 좋은 사냥꾼이라면 방울 때문에 불리해진 상황도 극복하겠지만 말이다.
고양이에게 방울 달린 목걸이를 채우기로 결정했다면, 방울이 두 개 달린 목걸이를 택하는 것이 좋다. 그래야 고양이가 사냥에 성공하기가 더욱 어려워질 것이다. 고양이의 안전을 위해, 목걸이가 덤불에 걸렸을 때 자동으로 풀리는 종류인지도 확인하자.
더 효과적인 방지책은 사냥 방지 턱받이(CatBib)다. 정확히 말 그대로, 부드러운 실리콘이나 네오프렌 소재의 턱받이 모양으로, 목걸이에 끼우게 돼 있고 몸을 웅크렸다가 덮치는 사냥 동작을 못 하게 막아준다. 턱받이 착용을 못 참는 고양이도 있지만, 만약 여러분의 고양이가 타고난 사냥꾼인데 실내에서만 지내게 하고 싶지 않다면, 턱받이는 확실히 시도해볼 만하다.

◀ **방울이 두 개 달린 목걸이는 고양이의 사냥 습성을 얼마간 눌러줄 거예요.**

나이 든 고양이의 생활을 도와주는 법

건강한 고양이의 경우, 중년에서 노년으로의 변화는 거의 감지하기 힘들어요. 하지만 어느 날 여러분의 고양이가 가뿐히 뛰어오르던 소파에 오르기를 버거워한다거나, 갑작스러운 소음에 더는 깜짝 놀라지 않는 것을 깨닫게 될 거고, 그제야 여러분은 도울 방도를 찾을 거예요.

나이가 들면 잠을 훨씬 많이 잘 거고, 잠깐씩은 더 활동적일지 몰라도 전반적으로는 무던하고 느긋한 고양이가 될 거예요.

그럼 뭐가 좋은데요?

평소 나이 든 고양이를 잘 관찰하면, 환경을 적절히 개선할 수 있어요. 몸을 최대한 편안히 해주는 한편 정신적으로는 충분한 자극을 제공해 기민함을 유지할 수 있도록 말이에요.

건강한 노화

고양이들은 20대 초반까지 살 수 있지만, 11살 무렵부터는 노묘로 보고 15살을 넘기면 초고령묘로 간주한다. 나이 든 고양이가 기어오르거나 점프할 때 어려움을 겪지는 않는지 예의주시하자. 창틀이나 높은 의자, 망보는 높직한 자리에 올라갈 수 있는 더 쉬운 길을 마련해줘야 할 때인지도 모른다. 나무나 폴리스티렌 블록(요가블록나 수영 킥판이 안성맞춤)이나 경사로(반려동물용품점에서 다양한 크기의 제품을 구할 수 있고 직접 만들 수도 있다) 등이다. 발을 디뎠을 때 안정적이라면 여러분의 고양이는 이런 종류의 디딤돌을 기꺼이 사용할 것이다. 정신적 자극이 되도록 장난감을 잔뜩 제공하자. 힘찬 추격전은 이제 힘들지 모르지만, 나이 든 고양이도 드나들기 쉬운 상자나 가방, 잠깐의 캣닙 파티, (식욕이 여전하다면) 먹이 퍼즐은 여전히 좋아할 것이다.

실질적인 변화

나이 든 고양이들은 어렸을 때보다 그루밍에 도움이 필요할 수 있다. 규칙적으로 부드럽게 빗질해주면 헤어볼을 토할 가능성을 줄일 수 있다. 나이가 들어 소화 능력과 반사 신경이 저하되면 헤어볼은 전보다 큰 문제가 될 수 있다. 고양이에게 관절염이 있다면 벽이 나직한 화장실이 편할 수 있다. 음식으로 말할 것 같으면, 고양이가 줄곧 건식 사료를 먹어왔다고 해도 이제는 습식 사료가 입맛에 더 맞을지 모른다. 특히 치아에 문제가 있다면 말이다. 이런 것들은 그리 대단한 변화라고 할 수 없고 여러분 입장에서도 큰 노력이 들지 않지만, 나이 든 고양이의 삶의 질에는 상당한 변화를 가져올 수 있다.

나이를 실감할 때

수많은 고양이들이 고양이 인지 장애라고 불리는, 흔히 고양이 치매라고 알려진 질환에 걸린다. 이때는 일련의 현저한 변화가 나타날 수 있다. 이름에서 짐작할 수 있듯이 고양이가 많은 혼란을 겪는다. 눈에 띄는 변화로는, 화장실 사용처럼 긴 시간에 걸쳐 습득한 행동을 잊어버릴 수 있다. 그 밖에도 예전에는 편안히 여기던 활동을 하다가 공격적인 행동—이를테면 빗질을 받다가 갑자기 발톱을 세운다든가—을 보이고, 알 수 없는 이유로 오랫동안 소리를 지르고 울부짖을 수 있다. 이런 증상들은, 반드시 그런 것은 아니지만, 약물의 도움으로 완화될 수 있다. 고양이들 가운데 3분의 1은 단기간이기는 해도 극적인 호전을 보여서, 약물 사용은 사랑하는 반려묘와 함께할 수 있는 시간을 조금이나마 벌어준다. 혹시 나이 든 고양이가 위의 증상을 하나라도 보인다면, 늦기 전에 수의사를 찾자.

고양이가 자기답게 살게 해주세요

지금까지 고양이가 좋아한다거나 싫어한다고 쓴 것은 어디까지나 고양이라는 종의 본성에 근거해서 쓴 거예요. 고양이에 대해 몰랐던 사실을 배우는 것은 물론 유익하지만, 결국 여러분의 고양이를 정말로 잘 아는 사람은 다름 아닌 여러분이랍니다. 이 세상 누구보다 가까운 존재니까요.

함께하는 삶

우리가 함께 살며 내밀하게 알아가는 것은 사람 가족과 친구만이 아니다. 우리의 반려동물도 마찬가지다. 여러분은 고양이와 충분히 만족스럽게 서로 잘 지내고 있다고 생각하겠지만, 여러분이 실제로 여러분의 고양이에 대해 얼마나 많은 양의 지식을 갖고 있는지는 미처 생각지 못했을 것이다. 여러분은 여러분의 고양이가 하루의 어느 시간대에 어느 장난감을 갖고 놀고 싶어 하는지(아침에는 캣닙 쥐, 오후에는 낚싯대)를 안다. 여러분의 고양이가 해가 떠 있는 시간에는 창턱에서 잔다는 것(그리고 잠자리로 애용하는 러그를 빨려고 치우면 토라져서, 아무리 여러분이 보기에는 똑같은 러그를 깔아줘도 소용없다는 것)을 알고, 현관에 택배 상자가 툭 떨어지는 소리가 들리면 쏜살같이 방 안을 가로지르며 우다다 내달린다는 것을, 하지만 무서워서가 아니라 너무 신이 나서 하는 행동이라는 것을 알고 있다. 너무 많은 걸 알고 있어서 미처 의식조차 못할 뿐이다.

그러니까 여러분의 고양이가 쭈뼛거리는 부끄럼쟁이 고양이든 새로운 사람과 만나기를 즐기는 사교적인 고양이든 결국 그들에게는 여러분이 최고의 사람이다. 최고의 사람이 되면 뭐가 좋냐고? 고양이의 신뢰를 받을 때만 누릴 수 있는 기쁨이 있다. 간식을 더 달라고 조른다거나, 여러분의 키보드를 앞발로 두드린다거나, 여러분이 절대로 고함을 치지 않을 것을 알기에 하는 행동들……. 고양이와의 관계를 만끽하시라. 고양이처럼 특별한 존재와 그런 유대를 맺는 것은 진정한 특권이니까.

헌신적인 반려인은 고양이가 곁에 ▶ 있어도 타자쯤은 거뜬히 칠 거예요. 일단 고양이가 자리만 잘 잡아준다면요.

그럼 뭐가 좋은데요?

여러분의 고양이에 관한 한 여러분이 세계 최고의 전문가가 되어야 해요. 반려묘의 고유한 성격에 주의를 기울여 행복한 삶을 살 수 있게 해주세요. 모든 고양이가 다시없는 유일무이한 존재니까요.

찾아보기

옮긴이의 말

12년째 나와 함께 살아온 고양이 아리가 한국말을 할 줄 안다면, “아리, 행복해?”라는 나의 질문에 과연 뭐라고 답할까? 아리의 대답이 못 견디게 궁금면서도, 덜컥 겁이 나며 고양이가 사람 말을 못 해서 천만다행이다 싶다. 내 허벅다리에 올라앉은 4.37킬로그램의 몸에서 전해지는 따뜻하고 힘찬 진동, 나를 아련한 눈빛으로 바라보며 느리게 깜박이는 두 눈만 믿고 싶어진다. 그래도 모른 체 편한 대로 믿기보다는 조금이라도 더 정확히 아는 편이 낫다고 믿기에, 이 책의 번역을 의뢰받았을 때 나에게 마침맞게 찾아온 소중한 기회라고 생각했다. 앞으로 얼마나 될지 모를 아리의 시간이, 그리고 아리와 함께할 수 있는 나의 시간이 조금 더 행복해질 수 있지 않을까? 나중에 조금 덜 후회할 수 있지 않을까?

이 책은 영국의 작가가 영국의 독자를 상정하고 쓴 책이다 보니, 한국의 상황과는 얼마간 거리가 있다. 기다란 손가락이 달린 놀이용 장갑은 이 책의 삽화로 처음 보았고, 캣티오(집 밖에 설치하는 그물망 집)도 캣비브(야생동물 사냥을 막는 고양이용 턱받이)도 이 책으로 처음 접했다. 무엇보다 이 책은 상당 부분 고양이가 집의 안팎을 드나들며 생활할 것을 염두에 두고 쓰였으며, 품종이 불분명한 일반 고양이보다 품종묘가 성격적으로 함께 지내기 좋다는 연구 결과를 제시하면서 독자의 여건에 맞게 신중히 선택할 것을 권하고 있다.

영국에 비하면 한국은 고양이를 반려동물로 키우기 시작한 지 얼마 되지 않았다. 고양이 반려 인구가 최근 10년 사이에 도시의 젊은 1인 가구를 중심으로 급증했다 보니, 열정적인 애묘인과 고양이를 ‘재수 없는’ ‘요물’이라며 두려워하고 께름칙해하는 사람들이 공존한다. 반려동물 관련 시장은 엄청나게 팽창했지만, 길고양이들의 평균 수명은 채 3년이 되지 않고 길고양이 학대 범죄도 심심찮게 벌어진다. 그러다 보니 구조자로부터 고양이를 입양할 때 작성하는 계약서에는 ‘평생 산책냥이(외출냥이)가 아닌 집고양이로 키우겠다’는 조항이 들어 있기 마련이다. 폭발적인 인기에 편승해 품종묘를 들여와 불결하고 열악한 환경에서 쉴 새 없이 번식시키다가 유기하는 브리더들도 많다. 이런 현실에서 고양이를 인도적으로 반려하는 방법은 길고양이를 입양해 집고양이로 키우는 것(‘사지 말고 입양하세요’)뿐이라는 생각이 애묘인들 사이에서 공식처럼 자리 잡은 실정이다.

환경이나 문화에 따라 사람과 고양이가 함께 사는 방식은 서로 다를 수밖에 없고, 또 시간이 흐르며 달라지기 마련이다. 정답은 없다. 그럼에도 불구하고 『행복한 고양이로 키우는 법』이 갖는 확실한 미덕은 최신의 연구로 입증된 고양이라는 동물의 특성, 더 나아가 본성을 알려주면서, 그 본성에 충실한 삶, 고양이가 고양이답게 행복한 삶의 그림을 구체적으로 제시한다는 점이다. 이를 바탕으로 고양이와 사람이 함께 행복하고 편안하게 지낼 수 있는 방법을 주제별로(식사, 휴식, 놀이) 다양한 반려 환경에 맞게 제시하고 있어서, 독자는 이 책에서 얻은 지식과 조언을 저마다의 상황(책에 나온 것과 일치하지 않더라도)에서 응용할 수 있다.

예를 들어, 이 책에 따르면 고양이는 개 못지않게 후각이 예민하고 다양한 냄새를 즐기므로, 마당이 있다면 캣티오를 설치할 것을 권한다. 나는 비록 원룸에 살고 있어 아리에게 캣티오를 선물할 수는 없지만 여름에 종일 에어컨을 켜기보다는 최대한 자주 창문을 열어 더 다양한 냄새를 맡게 해줄 수는 있을 것이다. 또 예전에는 아리가 베란다에 나가 조그만 코를 발름거리며 콧바람을 쐴 때면 위험하다며 바로 잡아들이곤 했는데 요즘은 곁눈질로 지켜보며 내버려둔다. 또 고양이들이 생각보다 불안을 잘 느끼고, 규칙적이고 예상 가능한 생활을 할 때 건강하다는 내용을 읽고서는 가슴이 철렁했다. 그간의 들쭉날쭉한 내 생활이 떠오르며 미안해졌고, 내가 꾸준히 지킬 수 있고 아리와 나 모두에게 유익한 일과를 시간대별로 구체적으로 고민해보게 되었다.

번역 작업을 하면서 이렇게 자주 고개를 돌려 잠든 고양이를 바라보기는 처음이었다. 아리는 자다가 눈을 떴을 때 내가 곁에서 지켜보고 있었다는 것을 깨달으면 갑자기 힘차게 골골송을 부르며 몸을 비틀어 배를 보여준다. 마치 세상에 그보다 달콤한 순간은 없다는 듯이……. 아리가 내 눈빛 속에서 그처럼 안전하다고 느끼고, 자신을 바라봐주는 것만으로도 그토록 행복해한다는 사실에 나는 번번이 감동한 채 행복을 배가시키기 위해, 아리의 이마를, 턱을, 귀 뒤를 정성스럽게 쓰다듬고 뱃살도 조물거리고 쓸어준다. 그러면 우리는 지구상에 둘도 없는, 아니 둘뿐인 행복한 동물들이 되는 것이다. 독자 여러분도 이 책을 길잡이 삼아, 자신과 고양이만 아는 행복한 순간을 더 많이 만들고 또 새기기를 바란다.

2024년 6월

옮긴이 양혜진